E-Book inside

Mit dem Kauf dieses Buchs erhalten Sie das zugehörige E-Book gratis. Sie können dabei aus drei Dateiformaten wählen: EPUB (gängiges Format für E-Reader und Tablets), PDF (für PC und Laptop) oder MOBI (für den Amazon Kindle). So kommen Sie an Ihr kostenloses E-Book:

Rufen Sie im Internet diese Website auf:
↗ http://www.junfermann.de/ebook-inside

Geben Sie den unten stehenden Code in das dafür vorgesehene Feld ein und klicken Sie → Code einlösen. Nach Eingabe Ihrer E-Mail-Adresse und Auswahl des E-Book-Formats erhalten Sie sofort einen Download-Link für das gewünschte E-Book an Ihre E-Mail-Adresse.

Bitte beachten Sie, dass der Code für Sie personalisiert wird und nur einmal gültig ist. Die Datei müssen Sie zunächst auf Ihrem Computer speichern, bevor Sie sie auf ein mobiles Endgerät überspielen können.

4KQIF5XH

Horst Lempart
52 agile Seminarmethoden
Gruppenprozesse flexibel und transparent gestalten

www.junfermann.de

blogweise.junfermann.de

www.facebook.com/junfermann

twitter.com/junfermann

www.youtube.com/user/Junfermann

www.instagram.com/junfermannverlag

HORST LEMPART

52 AGILE SEMINARMETHODEN

GRUPPENPROZESSE FLEXIBEL UND TRANSPARENT GESTALTEN

Vorwort von Roman Hoch

Junfermann Verlag
Paderborn
2019

Copyright	© Junfermann Verlag, Paderborn 2019
Coverbild	© sascha burkard – iStock
Visualierungen / Piktogramme	Jörg Schmidt, www.einfach-visualiseren.com
Covergestaltung / Reihenentwurf	JUNFERMANN Druck & Service GmbH & Co. KG, Paderborn
Satz & Layout	JUNFERMANN Druck & Service GmbH & Co. KG, Paderborn

Alle Rechte vorbehalten.
Das Werk einschließlich aller seiner Teile ist urheberrechtlich geschützt.
Jede Verwendung außerhalb der engen Grenzen des Urheberrechtsgesetzes ist ohne Zustimmung des Verlages unzulässig und strafbar. Dies gilt insbesondere für Vervielfältigungen, Übersetzungen, Mikroverfilmungen und die Einspeicherung und Verarbeitung in elektronischen Systemen.

Bibliografische Information der Deutschen Nationalbibliothek
Die Deutsche Nationalbibliothek verzeichnet diese Publikation in der Deutschen Nationalbibliografie; detaillierte bibliografische Daten sind im Internet über http://dnb.d-nb.de abrufbar.

ISBN 978-3-95571-908-1
Dieses Buch erscheint parallel als E-Book.
ISBN 978-3-95571-935-7 (EPUB), 978-3-95571-937-1 (PDF), 978-3-95571-936-4 (MOBI).

Dieses Buch widme ich meiner Mutter Barbara.

Inhalt

Vorwort 9

Teil 1 Was Sie in diesem Buch erwartet 13
1.1 Warum ich dieses Buch für notwendig halte 13
1.2 Ein paar kurze Anmerkungen zum Begriff „agil" 18
1.3 Bedienungsanleitung für dieses Buch 20
1.4 Aufbau der agilen Seminarmethoden 22

Teil 2 Agile Seminarmethoden 27
2.1 Auf dem Basar 31
2.2 Mein Allerheiligstes 35
2.3 Fischen in fremden Teichen 38
2.4 Der Bildschirmschöner 41
2.5 Der Rosinenpicker 44
2.6 Deine Spuren im Sand 47
2.7 Schrottwichteln 50
2.8 Der geplatzte Glaubenssatz-Traum 54
2.9 Erfahrungsräume schaffen 57
2.10 Parts Party 61
2.11 Warteschleife 65
2.12 Markt der Möglichkeiten 68
2.13 Small Talk 72
2.14 Jammertal 75
2.15 In die Bresche springen 79
2.16 Ich mache mir ein Bild von dir 83
2.17 Löcher in den Himmel starren 86
2.18 Ich verstehe deine Frage nicht 89
2.19 Stolpersteine 92
2.20 Das Kamishibai 95
2.21 Seitensprung 99
2.22 Arschengel 103
2.23 Expertensprechstunde 106
2.24 Aus der Rolle fallen .... 10?
2.25 Sprücheklopfer

Inhalt

Vorwort		9
Teil 1	**Was Sie in diesem Buch erwartet**	**13**
1.1	Warum ich dieses Buch für notwendig halte	13
1.2	Ein paar kurze Anmerkungen zum Begriff „agil"	18
1.3	Bedienungsanleitung für dieses Buch	20
1.4	Aufbau der agilen Seminarmethoden	22
Teil 2	**Agile Seminarmethoden**	**27**
2.1	Auf dem Basar	31
2.2	Mein Allerheiligstes	35
2.3	Fischen in fremden Teichen	38
2.4	Der Bildschirmschöner	41
2.5	Der Rosinenpicker	44
2.6	Deine Spuren im Sand	47
2.7	Schrottwichteln	50
2.8	Der geplatzte Glaubenssatz-Traum	53
2.9	Erfahrungsräume schaffen	56
2.10	Parts Party	60
2.11	Warteschleife	64
2.12	Markt der Möglichkeiten	67
2.13	Small Talk	70
2.14	Jammertal	73
2.15	In die Bresche springen	77
2.16	Ich mache mir ein Bild von dir	81
2.17	Löcher in den Himmel starren	84
2.18	Ich verstehe deine Frage nicht	87
2.19	Stolpersteine	90
2.20	Das Kamishibai	93
2.21	Seitensprung	96
2.22	Arschengel	99
2.23	Expertensprechstunde	102
2.24	Aus der Rolle fallen	105
2.25	Sprücheklopfer	109

2.26	Andere Ufer		112
2.27	Der Schlüssel zum Erfolg		116
2.28	Horizonte		120
2.29	Seminarassistent „Horst Schredder"		124
2.30	Das rote Sofa		128
2.31	Europakonferenz		131
2.32	Im Trüben fischen		134
2.33	Der Taschenspieler		138
2.34	Summa summarum		141
2.35	Die Sicherheitskontrolle		145
2.36	Kartenleser		148
2.37	Mein Pseudonym		151
2.38	Schattenspiele		154
2.39	Hirngespenster		158
2.40	Der Problem-Lösungs-Mix		161
2.41	Kaffeesatzlesen		164
2.42	Keine Miene verziehen		167
2.43	Mannschaftsaufstellung		171
2.44	Tabu im Business		174
2.45	Schwafelhölzer		177
2.46	Der Stoff, aus dem die Ziele sind		180
2.47	Mein Vermächtnis		183
2.48	Kindheitshelden		187
2.49	Eigenlob stimmt		191
2.50	Dunkle Zeiten, goldene Zeiten		195
2.51	Am laufenden Band		199
2.52	Unsere Stimmung ist blau		202
Teil 3	**Am Ende geht es erst los!**		205
3.1	Metaphern		206
3.2	Impact		208
3.3	Agiles Mindset		209
Anhang			211
Workshop „Agile Seminarmethoden designen"			211
Literatur			213
Horst Lempart, der Persönlichkeitsstörer			214

Vorwort

Ich fühle mich geehrt, ein Vorwort für das Buch von Horst Lempart schreiben zu dürfen. Es hat mich gereizt, etwas über ein Werk zu schreiben, das sich mit zwei meiner beruflichen Lieblingsthemen befasst: *Seminare & Methoden*. Ich selbst arbeite hauptberuflich als Dozent für systemische Weiterbildungen. Meine Schwerpunkte sind hierbei vor allem systemische Beratung & Therapie, Coaching und Psychotraumatologie. Außerdem arbeite ich selbst als Autor und finde es HOCHinteressant zu sehen, wie andere ihre Projekte voranbringen. Herrn Lempart kenne ich aus dem Seminarkontext und er ist mir durch seine frische und freundlich-freche Art in Erinnerung geblieben. Als ich das Manuskript las, habe ich mir zwischenzeitlich vorgestellt, wie er mit seiner Art und den verschiedenen erfrischenden Methoden seine Teilnehmerinnen und Teilnehmer begeistert und immer wieder neu herausfordert.

Mir gefällt der *spielerische* Charakter der Methoden. Sie laden ein, sich als Teilnehmer auf diese lockere Ebene von Inszenierungen und konkreter inhaltlicher Auseinandersetzung einzulassen.

Meine erste Idee für dieses Vorwort war es, meinen Eindruck von diesem Buch in Form einer *Metapher* wiederzugeben. Ich halte mich jedoch zurück. Herr Lempart selbst nutzt als *roten Faden,* zur Verdeutlichung seiner Haltung und der methodischen Vorgehensweisen, sehr stringent und treffend diese verbildlichenden sprachlichen Aspekte. Absolut gelungen findet er immer wieder neue Spielarten und erzeugt Bilder im Kopf des Lesers. Wissenschaften wie zum Beispiel die Lerntheorie oder auch die Hirnforschung haben längst die Wirksamkeit der Arbeit mit Metaphern und Narrationen bestätigt. Ich selbst nutze sie in Seminaren genauso gern wie in Beratung und Therapie.

Ich möchte in meinem Vorwort nun Weiteres hervorheben, das mir aus Sicht eines Fachkollegen außerdem als besonders nützlich und ansprechend an diesem Buch erscheint.

Für mich ist es von zentraler Wichtigkeit, bereits früh im Buch den Hinweis zu erhalten, dass Methoden niemals zum Selbstzweck eingesetzt werden sollten. Auch das Konzept *agil* wird von Herrn Lempart in erster Linie in Bezug auf Haltung hergeleitet. Nach diesem Verständnis bleiben die agil angewandten Methoden vorerst nachrangig. Die Auswahl ist natürlich dennoch enorm wichtig. Beispielsweise spielen das Timing, aber auch ein Gespür für die Dynamik der Gruppe, eine wichtige Rolle. Primär geht es also um eine situative Orientierung im und am Gruppenprozess. Dies ist ja auch eines der Merkmale von *agil*.

Darüber hinaus gefällt mir auch der Gedanke der *Partizipation* der Teilnehmerinnen und Teilnehmer sehr gut. Bei den Seminarmethoden von Horst Lempart wird durch diese *gelebte Haltung* etwas *gemeinsam entwickelt* und nicht irgendein Inhalt hineingegeben, der kurz- oder mittelfristig eine vorher bestimmbare Verbesserung erzeugen soll. Entsprechend finden wir weniger linear-kausales und dafür mehr systemisches bzw. konstruktivistisches Denken. Bravo. Ich denke im Zusammenhang mit dieser systemischen Sichtweise in Bezug auf Seminargestaltung an eine Aussage aus dem Buch Embodied Communication (2007) von Maja Storch und Wolfgang Tschacher: „Kontrollierend und steuernd eine ‚gewollte' Ordnung zu erzeugen, ist der Mensch kognitiv nicht in der Lage."

Die beiden Autoren orientieren sich bei dieser Einschätzung ganz konkret an den Grundlagen der Systemtheorie, in diesem Fall insbesondere an den Erkenntnissen des deutschen Physikers und Begründers der Synergetik, Hermann Haken. Die Aussage hat eine große Bedeutung für konstruktivistisch gedachte Didaktik und die agile Seminargestaltung. Wir können keine gewollte Ordnung – beispielsweise Informationen und Lerngewinne – von A nach B weitervermitteln. Es ist außerdem die Frage, ob es das wäre, was wir wollten ...

Wir können versuchen die *Anschlussfähigkeit* – Wirklichkeitskonstruktion A an Wirklichkeitskonstruktion B – für unsere Inhalte zu verbessern, indem wir *agil* auf *Bedürfnisse* und *Kompetenzen* unserer Teilnehmer reagieren. Dies hat Herr Lempart ebenfalls erkannt und berücksichtigt es spürbar in seiner Arbeit.

Agiles und partizipatives Vorgehen schreibt Horst Lempart GROSS. Teilnehmerinnen und Teilnehmer werden in die Ausgestaltung und in die Entscheidungsprozesse im Seminarablauf einbezogen. Systemisch gesehen eine allparteiliche Vorgehensweise und entsprechend effektiv. Darüber hinaus wird durch den Beteiligungsprozess *Transparenz* geschaffen – ein weiterer Wirkfaktor, den ich weder in Seminaren noch im Kontext Beratung und Therapie missen möchte.

Sehr anschlussfähig für mich war beispielsweise die Metapher für Teilnehmerinnen und Teilnehmer, sie seien die *Besatzung* und nicht die *Passagiere* auf einem Seminar-Schiff. Sie macht mir den Gedanken der Partizipation im Seminarkontext besonders deutlich.

Agilität erhöht ebenfalls die Anschlussfähigkeit. Dies geschieht beim Lesen des Buches auch durch die immer wieder neuen alternativen Vorgehensweisen und durch zusätzliche Hinweise. Jedoch nicht nur innerhalb der Methoden gibt es Wahlmöglichkeiten und Alternativen, sondern auch im Wording und den Einsatzgebieten.

Für mich waren beispielsweise die *Fußabdrücke im Sand* – als gegenseitige Feedbackkultur in Gruppenentwicklungsprozessen – eine gute methodische, aber auch eine metaphorisch-sprachliche Intervention, die ab sofort auch in meinen Seminaren Anwendung finden wird.

Ich möchte Ihnen als Leserinnen und Lesern ans Herz legen, sich inspirieren zu lassen und ganz gezielt diejenigen Methoden zu versuchen, bei denen Sie spontan selbst anschlussfähig werden. Nach Herrn Lempart geschieht praktisches Üben in *Erfahrungsräumen* und kann so *durchlaufen werden.* – Auch hier findet er wieder zur metaphorischen Ebene zurück und macht diese für unser didaktisches Denken nutzbar.

Vielen Dank.

Und nun viel Spaß und Inspiration beim Lesen.

Roman Hoch
im Herbst 2018

Teil 1 | Was Sie in diesem Buch erwartet

Bevor ich Ihnen meine agilen Seminarmethoden vorstelle, sollten Sie wissen, was es damit überhaupt auf sich hat. Zuerst werde ich also ein paar Takte dazu äußern, warum ich dieses Buch für notwendig halte. Tool- und Spielesammlungen gibt es ja schon eine ganze Menge. Wir könnten doch an den alten Rezepten festhalten, auch wenn sich die Menschen und Organisationen ändern, oder?

Dann werfen wir einen kurzen Blick auf den Begriff „agil". Er begegnet mir in letzter Zeit immer häufiger und irgendwie scheint heute alles mehr oder weniger agil zu sein. Ist agil das neue „nachhaltig"? Es erwartet Sie keine kontroverse Diskussion, aber ich stelle Ihnen meine Perspektive und Arbeitshaltung vor.

Wie können Sie den bestmöglichen Nutzen aus diesem Buch ziehen? Und wie kann es zu Ihrem ganz eigenen Workbook werden? Auch dazu gebe ich Ihnen ein paar Anregungen und lasse Sie in meinen Methodenbaukasten schauen.

Und bevor es dann mit der Methodensammlung losgeht, erkläre ich Ihnen noch kurz den Aufbau der einzelnen Ideen. Schließlich können Sie mich „zwischendrin" nicht fragen – und finden so trotzdem schnell die gewünschten Informationen. Das ist der Unterschied zwischen agilen Seminaren und einem gedruckten Buch.

1.1 Warum ich dieses Buch für notwendig halte

Entwicklung und Veränderung werden oft im Bild eines Flusses festgehalten. Die eine Seite des Flusses ist das Ufer des Bekannten, des Gewohnten und Sicheren. Auf der anderen Seite liegen das Neue, das Unbekannte und Unsichere. Wer in den Fluss steigt, wem das Wasser bis zum Hals steht, ist gut bedient, wenn er auf zuverlässige Hilfsmittel zurückgreifen kann – oder er sollte schwimmen können. Aber Achtung: Zu schweres Gepäck kann bei einer Flussdurchquerung schnell zum Hindernis werden. Da stellt sich bald heraus, was wirklich zählt. Für mich sind es Neugier, Risikobereitschaft und Flexibilität im Denken und Handeln. Manchmal steigen wir in diesen Fluss und erreichen das andere Ufer nicht. Dann landen wir auf der Seite, von der wir gestartet sind. Aber vielleicht ein ganzes Stück weiter stromabwärts, was auch ein Erfolg sein kann. Wer „zu neuen Ufern" aufbrechen will, der wechselt in der Regel von der bekannten auf die unbekannte Uferseite. Das kann bereits ein gutes Stück persönliche Entwicklung sein.

Ich aber habe ein etwas anderes Flussbild. In meiner Vorstellung sind wir Zeit unseres Lebens in diesem Fluss unterwegs und pendeln nur zwischen den beiden Ufern. Der Fluss ist die Regel, nicht die Ausnahme. Die beiden Seiten, Stabilität und Veränderung, halten den Lebensfluss in seinem Bett und sorgen dafür, dass er überhaupt gleichmäßig fließt. Wer versucht, sich dauerhaft auf einer der Uferseiten niederzulassen, dessen Leben scheint oft „ausufernd": Es wird zu einer ständigen Suche nach neuer Stimulation einerseits oder zur Tristesse der Gewohnheiten andererseits. In der Realität scheint es mir wahrscheinlicher zu sein, dass manche Menschen in ihrem Lebensfluss eher an der rechten oder der linken Flussseite unterwegs sind. Sie treiben aber weiter Richtung Mündung, was auch immer das für jeden Einzelnen bedeutet. Aus dem Fluss aussteigen zu wollen kommt für mich dem Versuch gleich, die Uhr anzuhalten, um Zeit zu sparen. Wir sind unterwegs, weil wir uns dem Fluss des Lebens nicht entziehen können. Ein Schiff, das ständig vor Anker liegt, egal auf welcher Flussseite, hätte ein Steg werden sollen.

Wenn ich mit Teams in Seminaren arbeite, dann lege ich mit ihnen ein Stück dieser Flussreise zurück. Wir sind gemeinsam unterwegs und klären am Anfang auch, wohin die Reise gehen soll. Wenn alles gut läuft, sind alle mit an Bord. Und dann heißt es: Leinen los! Welches Temperament zu diesem Zeitpunkt der Fluss hat, weiß niemand von uns genau. Mir ist auch nicht bekannt, wo es Gefahrenstellen oder enge Fahrrinnen gibt, ob Staustufen auf uns warten, ob wir es mit Strudeln, Hoch- oder Niedrigwasser zu tun bekommen. Was jedoch jeder der Reisenden merkt, ist, ob wir Fahrt aufnehmen.

Viele Jahre habe ich den Reisenden beim Betreten des Schiffes eine „Agenda" vorgestellt, die ziemlich genau die Fahrtroute beschrieb. Ich hielt das für notwendig, um den Passagieren ausreichend Orientierung zu geben, womit sie rechnen dürfen und womit nicht. Gerade am Anfang meiner Trainerkarriere war mir Struktur äußerst wichtig, zum großen Teil für mich selbst. Ich hatte mir so eine Art „künstliche Sicherheit" geschaffen, meinen roten Faden durchs Programm. In der Regel gab es dann auch mit den Teilnehmern das Commitment, alles so zu machen. Puh, Teilerfolg.

Heute sieht eine Agenda für ein zweitägiges Seminar bei mir vielleicht so aus:

Abbildung 1: Beispiel für eine Agenda

Manchmal verzichte ich auch ganz auf eine Flipchart-Agenda. Alternativ stelle ich den Teilnehmern meine Ideen mit Requisiten vor. Das hat den großen Vorteil, dass ich diese 3-D-Agenda jederzeit völlig frei anpassen kann: in der Reihenfolge, den Methoden und Übungen und den Inhalten. Natürlich bleibe ich dem Auftrag und den Zielen meines Auftraggebers verpflichtet. Und gleichzeitig habe ich eine viel größere Möglichkeit, den Seminarablauf mit Beiträgen zu bestücken, die den Teilnehmern zum Thema wirklich wichtig sind. Es ist nicht „meine" Agenda, sondern

„unsere Agenda". Ich bemühe mich also darum, den inhaltlichen Verlauf deutlich mehr an der Perspektive der Anwesenden zu orientieren und weniger an der Vorgabe eines Plans. Im Rahmen eines Impact-Trainings bitte ich die Gruppe darum, ihre Fragen und inhaltlichen Wünsche als Headlines auf einer Art „Titelseite" festzuhalten. Der Gedanke ist ja nicht neu. Schon früher wurden Fragen gesammelt, die dann irgendwo im Seminarverlauf aufgegriffen oder am Ende noch beantwortet wurden. Neu ist allerdings, dass dieser Input den inhaltlichen Verlauf maßgeblich steuert.

Um diese Zielgruppen-Fokussierung zu ermöglichen, braucht es ein waches Auge für den Prozess der Gruppe und die individuelle Bedürfnislage. Und es braucht noch etwas: eine ordentliche Bandbreite an guten Interventionen, die sehr flexibel eingesetzt werden können. Ich nenne diese Multitasking-Interventionen daher „agile Seminarmethoden". Damit sie auch spontan eingesetzt werden können, verzichte ich großenteils auf umfangreiches Equipment. Die Inszenierungen sind in der Regel mit wenigen Handgriffen erledigt, sodass Sie tatsächlich ganz spontan und wendig auf die situativen Bedürfnisse eingehen können.

Die agilen Seminarmethoden, die ich Ihnen in diesem Buch vorstelle, sind allesamt von mir praxiserprobt. Für mich haben sie ganz entscheidende Vorteile:
- Sie erlauben ein schnelles Aufgreifen aktueller Themen, weil sie sehr flexibel eingesetzt werden können.
- Sie stellen die situativen Bedürfnisse der Teilnehmer in den Vordergrund.
- Sie können die aktuellen Entwicklungsschritte der Gruppe aufgreifen und orientieren sich eng am Gruppenprozess.
- Sie reduzieren Komplexität und machen Themen auf spielerische Weise handhabbar.
- Sie fordern Kreativität, weil nicht alles planbar ist. Deshalb sind sie näher an der Lebenswirklichkeit und auch der Unternehmensrealität.

Jule Hildemann fasst in ihrem Buch „simple things – einfach wirkungsvoll" diese Vorteile in drei Metakompetenzen zusammen, die ein Trainer haben sollte:
- die Fähigkeit, die den Situationen und Interaktionen zugrunde liegenden Bedürfnisse zu analysieren;
- die Fähigkeit, aus einem breiten Methodenrepertoire Interventionsformen und Trainerrollen auswählen zu können;
- die Fähigkeit, solche Methoden auszuwählen, welche die momentane Situation und den Lernzuwachs der Teilnehmer konstruktiv voranbringen.

Kurz gesagt: Ein Trainer, der mit agilen Seminarmethoden arbeitet, braucht eine hohe Prozesskompetenz.

Eine Agenda suggeriert, dass sich ein Seminarablauf detailliert planen lässt. Das entspricht aber meines Erachtens gar nicht dem Leben „da draußen". Wir sind nicht nur am sicheren Ufer – ganz im Gegenteil. Wenn ich die Flussreise mit anderen Menschen unternehme, dann möchte ich keine Passagiere an Bord haben, sondern eine Besatzung. Und dann bestimmt diese Besatzung eben auch darüber mit, wie die Reise verlaufen wird. Eine Trendstudie des managerSeminare Verlags (2018) bestätigt: „Die Arbeitswelt 4.0 beschert auch der Arbeitswelt der Trainer, Coachs und Berater einen Paradigmenwechsel […] Die Unternehmen fahren auf Sicht […] Weiterbildungsanbieter müssen der Tatsache ins Auge sehen, dass Auftraggeber bei ausgefeilten PE-Konzepten und langfristigen Roll-outs nur noch entnervt abwinken. Kurze Lernzeiten, kleine ‚Learning Nuggets' und ‚Quick -Wins' lauten nunmehr die konzeptionellen Eckpfeiler der betrieblichen Weiterbildung."

„Learning-Nuggets" und „Quick Wins", genau das ermöglichen agile Seminarmethoden. Sie erlauben das wendige Fortbewegen im Fluss, das Fahren „auf Sicht". Sie wirken stimulierend und stabilisierend zugleich. Ich habe die Erfahrung gemacht, dass meine Seminarteilnehmer mit großem Spaß wieder zurück in den Fluss kommen. Weder ziehen sie sich auf „sicheres" Terrain zurück noch flüchten sie sich in die „digitale Stimulation". Im Übrigen: Handys konkurrieren heute mit jedem Trainer um die Aufmerksamkeit der Teilnehmer. Wie ich diesen Wettbewerb gewinne, verrate ich Ihnen in diversen Methodenbeschreibungen. Agile Seminarmethoden sind die bisher klarste Form der Kunden- (oder Teilnehmer-)Orientierung.

Und es gibt noch einen ganz persönlichen Grund, warum ich dieses Buch schreibe: Die vorgestellten Methoden haben alle einen großen Spaßfaktor. Ich lache sehr gerne. Auch in meinen Coachings und Seminaren wird sehr viel gelacht. Lachen ist so eine wundervolle Ressource. Gemeinsames Lachen wirkt so verbindend, ansteckend, befreiend. Und wer zum Lachen in den Keller gehen möchte, der findet sicher auch dort ein passendes Plätzchen für eine Vielzahl meiner Seminarmethoden. Da Lernen nachweislich mit Spaß besser gelingt, würze ich wo immer es geht meine Ideen mit einer guten Prise Humor. Lassen auch Sie sich anstecken von meinem Spaß an der Inszenierung.

Ach ja: Bei der Auswahl meiner agilen Methoden habe ich, wo immer es mir möglich war, die Quelle der Ursprungmethode angegeben. In vielen Fällen konnte ich jedoch nicht herausfinden, ob es bereits jemanden vor mir mit der gleichen Idee gab. Mich würde das sehr freuen, denn gute Ideen sollten möglichst bald bekannt werden. Sollte ich also nur ein „Spätzünder" sein und einen Urheber nicht erwähnt haben, dann melden Sie sich bitte bei mir. Für alle anderen agilen Methoden gilt: Ich beanspruche auf nichts das Urheberrecht. Machen Sie sich meine Erfahrungen und Methoden zu eigen. Achten Sie bitte nur auf das Copyright des Junfermann Verlags.

1.2 Ein paar kurze Anmerkungen zum Begriff „agil"

Ein Unternehmen kann nur durch die Menschen, die dort arbeiten, zu einem agilen Unternehmen werden. Genauso ist es auch mit meinen agilen Seminarmethoden. Agilität setzt Lebendigkeit voraus. Dazu zitiere ich Torsten Scheller (2017), den Autor des Buches *Auf dem Weg zur agilen Organisation*: „Bei Agilität geht es darum, den Kunden permanent zu erfreuen, ihn regelmäßig mit innovativen Produkten und Leistungen zu überraschen und ihn so zu (be)halten. […] Agilität entwickelt sich organisch – aus der Organisation heraus, getragen vom agilen Mindset."

Damit die Wirkung agiler Seminarmethoden sich also entfalten kann („agil machen"), ist eine agile Haltung des Anwenders nötig („agil sein"). Dieses „Mindset", wie Scheller es nennt, ist nie abgeschlossen oder etwas, das am Rande mitläuft. Es handelt sich um permanente Feedbackschleifen zu den Teilnehmern und daraus resultierende ständige Anpassungsleistungen mit dem Ziel, noch besser auf die Bedürfnisse des Kunden einzugehen. Dauerhaft lernende Systeme sind agil.

Die Auswahl meiner Seminarmethoden unterstützt Sie dabei, Ihr agiles Mindset praktisch sichtbar zu machen. Sie werden feststellen, dass die variablen Einsatzmöglichkeiten und eine schnelle Modifikation sich ändernde Bedingungen bestmöglich berücksichtigen. Agile Methoden verzichten weitgehend auf eine festgelegte Struktur: lieber improvisieren statt reglementieren. Was allerdings nicht bedeutet, dass wir vollkommen orientierungslos durch den Prozess poltern. Im Gegenteil: Agile Seminarmethoden unterstützen die agile Haltung des Seminarleiters. Ohne agile Haltung ist auch eine agile Methode völlig wertlos. Erst durch die Kombination von beidem wird ein Seminarleiter extrem anschlussfähig an die Bedürfnisse der Teilnehmer.

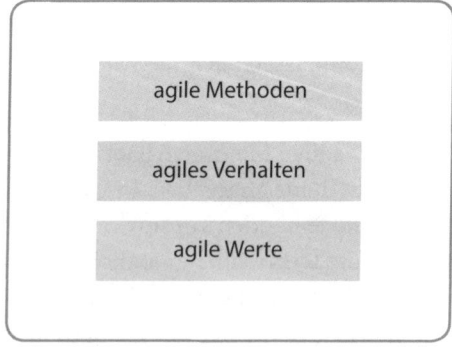

Abbildung 2: Ohne eine agile Haltung und ein agiles Wertesystem des Seminarleiters bleiben agile Methoden wirkungslos

Torsten Scheller hat in seinem Buch „sieben Kernbotschaften zur agilen Organisation" herausgearbeitet. Die erste davon lautet: „Über Experimente findet die agile Organisation die für sie passenden Lösungen auf alle Herausforderungen." Wenn eine feste Agenda nicht mehr greift, weil sich die Dynamik des Marktes auch im Seminarraum wiederfindet, dann müssen wir mit kleinschrittigen wendigen Angeboten darauf reagieren. Machen Sie die Freude am Experimentieren zu einem Teil Ihres neuen Mindsets.

Auch Hans-Georg Huber betont in seinem Buch *Die Kunst, Entwicklungsprozesse zu gestalten:* „Wenn es jedoch um die Begleitung von individuellen und kollektiven Veränderungsprozessen geht, z.B. in einem Einzelcoaching oder in einem Konfliktworkshop im Unternehmen, ist die Umsetzung eines linearen Ablaufplans eher hinderlich als förderlich. Denn einen dynamischen Prozess kann man nicht in eine vorgegebene Schablone gießen" (S. 25).

Und noch etwas ermöglichen agile Seminarmethoden besonders gut: die emotionale Berührung der Teilnehmer. Ohne emotionale Beteiligung ist eine nachhaltige Veränderung kaum vorstellbar. Reine Übungen auf der Verhaltensebene oder streng kognitive Überzeugungsarbeit schafft keine wirkliche Betroffenheit. Wird aber die aktuelle Stimmung im Seminarprozess besonders berücksichtigt, so greift dies die emotionale Energie auf, die die Übungen in Richtung des vereinbarten Zieles kanalisieren. Besonders an den inszenierten und improvisierten Methoden wird gut deutlich, wie stimmungsvolle Inszenierungen eingesetzt werden können, um emotional zu berühren. Besonders hinweisen möchte ich auf meine Anmerkungen zu Metaphern (Kap. 3.1, Seite 205) und Impacts (Kap. 3.2, Seite 208).

Kommunikation basiert immer auf den Reaktionen des Empfängers: Nicht was wir gesagt haben, ist relevant, sondern was beim andern ankommt. Vor diesem Hintergrund wird deutlich, dass eine Agenda mit geplanten Übungen nur sehr einseitig die Reaktionen der Teilnehmer berücksichtigen kann. Was wir brauchen, ist eine Form der „situativen Anpassungsfähigkeit", ohne dabei den Auftrag aus den Augen zu verlieren. Die inhaltliche Verantwortung wird weitgehend in den Händen der Teilnehmer gelassen, die Methodenkompetenz des Trainers ist aber umso mehr gefordert.

Wenn Sie sich eingehender mit dem Begriff der Agilität auseinandersetzen möchten, empfehle ich Ihnen einen Blick auf die Literaturliste im Anhang.

1.3 Bedienungsanleitung für dieses Buch

Vielleicht teilen Sie diese Erfahrung mit mir: Wenn ich ein Möbelstück zur Selbstmontage auspacke und mir eine zig-seitige Aufbauanleitung in die Hände fällt, sinkt mein Spaßfaktor in den Keller. Meistens beginne ich dann erst einmal mit meinem gesunden Menschenverstand – obwohl: Vielleicht wäre es gesünder, das nicht zu tun. Entweder bleiben Einzelteile übrig, die ich gar nicht brauche, oder irgendwo fehlt etwas.

Ich möchte Ihnen die Lektüre meines Buches so leicht wie möglich machen. Ich glaube, das ist die beste Voraussetzung, um den Spaßfaktor möglichst lange lebendig zu halten. Dazu gehört für mich, dass Sie nicht jede einzelne Seite lesen müssen, um einen Nutzen aus den Übungen zu ziehen. Wenn Sie allerdings vor lauter Freude am Lesen keine Zeile auslassen möchten, dann habe ich einen guten Job gemacht.

Die agilen Seminarmethoden bauen nicht aufeinander auf. So ein Abhängigkeitsverhältnis wäre für mich wieder zu stark fixiert und entbehrt jeder Wendigkeit. Ich nutze die Übungen mal in einer sehr frühen Seminarphase, mal mittendrin und, wenn es sich anbietet, auch ganz zum Schluss. Es sind keine reinen „Kennenlernübungen" oder „Feedbackübungen", die Sie sich aus einem künstlich konstruierten Inhaltsverzeichnis aussuchen. Sie werden feststellen, dass alle Übungen, teilweise mit ein paar kreativen Handgriffen, auch für eine ganz andere Prozessphase, zu anderen Themen und mit einem anderen Ziel nutzbar sind.

Ich werde Ihnen Einblicke geben, wie ich diese Methoden bisher eingesetzt habe. Und dann lasse ich Ihnen ganz viel Raum für Ihre eigene Kreativität. Spielen Sie mit den Möglichkeiten von:

- Material (Kostüme, Requisiten, Bilder, Handys, Computer …)
- Kontexten (Verkauf, Werkstatt, Familie, Stammtisch, Klinik …)
- Räumen (Seminarraum, Wiese, Auto, Park, Küche …)
- Gruppengröße (Einzelklient, Paar, Kleingruppe, Plenum)
- Setting (Coaching, Seminar, Workshop, Beratung, Supervision …)
- Prozessphase (Einstieg, Kennenlernen, Arbeitsphasen, Vertiefung, Zusammenfassung …) und
- Dauer (fünf Minuten, 30 Minuten, eine Stunde, zwei Stunden, einen halben Tag …)

Besonders viele Ideen kommen mir dann, wenn ich inspiriert wurde durch ein Kollegen-Seminar oder ein Buch und ich mich dann in einen völlig anderen Kontext begebe: Marktbesuch, Museumsführung, Chillen am Strand, Sport etc. Sicher fördert die Entspannung auch meine Kreativität. Eine gute Voraussetzung also, um die

Früchte meines Buches bestmöglich genießen zu können, lautet: Machen Sie es sich bei der Lektüre bequem und sorgen Sie anschließend für ein inspirierendes Umfeld.

Ganz streng genommen wird mein Buch damit zu Ihrem persönlichen Workbook. Nicht nur, weil Sie die Inhalte in Ihre Seminare einarbeiten können. Sie machen meine Ideen zu Ihrem ganz eigenen Schatzkästchen. Und ich möchte Sie bereits hier dazu einladen, mich an Ihren guten Einfällen teilhaben zu lassen. Schreiben Sie mir Ihre Erfahrungen, Abwandlungen, Ergänzungen und Neuentdeckungen. Gerne möchte ich Ihre kreativen Anregungen in einer späteren Neuauflage oder in einem Nachfolgewerk unterbringen, wenn Sie mir die Erlaubnis dazu erteilen. Wir schaffen dadurch einen Multiplikatoreffekt, der allen Interessierten zugutekommen wird. Wenn Sie sich über das Buch hinaus regelmäßig über meine Arbeit informieren möchten, empfehle ich Ihnen meinen Blog. Ganz bequem machen Sie es sich, wenn Sie sich für meinen Newsletter registrieren über den QR-Code oder unter ↗ http://www.horstlempart.de.

1.4 Aufbau der agilen Seminarmethoden

Agil heißt nicht willkürlich. Damit Sie in Ihrer Prozessgestaltung möglichst wendig bleiben können, habe ich die Vorstellung meiner agilen Seminarmethoden in einen einheitlichen Rahmen gebracht. Auf die Entwicklung dieses Buches haben Sie keinen Einfluss. Schade eigentlich, eine Interaktion mit meinen Lesern während der Entstehung wäre mal ein eigenes Projekt ... Gruppendynamische Prozesse habe ich (leider oder Gott sei Dank?) nicht zu erwarten, während Sie mein Buch lesen. Insofern ist es hier deutlich einfacher, eine feste Struktur zu hinterlegen. Sie soll Ihnen die Orientierung und die Anwendung meiner Methoden erleichtern.

Ich weiß von vielen Kollegen, dass sie sich gute Ideen aus Büchern rauskopieren und zu ihren Seminarunterlagen legen. Selber mache ich das oft auch so. Ich habe beim Schreiben und der Formatierung des Textes darauf geachtet, dass dies leicht möglich ist, sowohl vom Textumfang als auch von den Rändern. Bitte achten Sie bei der Nutzung solcher Kopien unbedingt auf das Copyright. Die Kopien dürfen Sie nicht an Seminarteilnehmer verteilen. Es sei denn, es handelt sich um Arbeitsblätter, die ausdrücklich als Handout gekennzeichnet sind, oder Sie haben sich die Erlaubnis des Verlags eingeholt.

Überschrift = Arbeitstitel der Methode

In der Überschrift finden Sie den Namen, den ich mir für die Methode ausgedacht habe. Manchmal steckt darin ein besonderer Gegenstand, ein Ort oder eine Person. Die meisten Einfälle kommen mir, wenn ich eine Beobachtung mache oder ein Stichwort höre. Dazu braucht es manchmal gar nicht viel Kreativität, weil sich eine Idee förmlich aufdrängt. Ein ansprechender Arbeitstitel, den ich auch bei der Ankündigung in den Seminaren verwende, ist auf jeden Fall von großer Bedeutung. Manchmal lösen allein schon die Bezeichnungen Lachen aus oder die Teilnehmer werden neugierig. Ich kann Ihnen bei der Auswahl Ihrer Titel wirklich ans Herz legen, sehr eingängige Headlines zu verwenden. Je nach Zielgruppe und Seminarthema variiere ich auch schon mal den Titel, um noch dichter am Referenzrahmen der Teilnehmer zu sein. Manchmal, zum Beispiel bei Übungen aus dem Improvisationstheater, suche ich gerade einen völlig fremden Kontext für die Übungen, um auf neue Ideen zu kommen.

Ziele

Die Ziele, die Sie mit den agilen Seminarmethoden erreichen können, sind sehr vielfältig. Ich gebe Ihnen daher eine oder mehrere Zielideen vor, die ich selbst mit der Methode erreicht habe. Wie bei einem Auto, in das Sie einsteigen, legen Sie auch hier das Ziel selbst fest. Es braucht nur manchmal ein paar Anpassungen, damit die Fahrt auch komfortabel wird. Dafür müssen Sie nicht gleich das komplette Auto austauschen. Wichtig ist jedoch, dass Sie mit den Methoden überhaupt ein Ziel verfolgen, das dem Auftrag dient. Agile Seminarmethoden sind kein Selbstzweck, sondern sie …

- unterstützen bei der multisensorischen Vermittlung neuer Lerninhalte,
- schaffen einen spielerischen Raum, sich auszuprobieren,
- greifen situativ die inhaltlichen Fragen der Teilnehmer auf und
- verankern neue Erfahrungen und erleichtern damit den Transfer in den Alltag.

Meine Idee dahinter / Ablauf

An dieser Stelle beschreibe ich kurz, wie ich auf die Idee gekommen bin. Das kann Sie darin unterstützen, selbst sensibel für Input zu werden. Der lauert förmlich überall auf uns! Das Hauptgewicht liegt hier auf der praktischen Umsetzung meiner Methode. Dabei reduziere ich die psychologischen Hintergrundinformationen auf ein Minimum. Ich möchte Ihnen keine Einführung in die Kommunikationswissenschaft oder in Lerntypen geben; dafür gibt es ausreichend gute Literatur. Mir ist es wichtig, dass Sie sich den spontanen Einsatz der agilen Methoden gut vorstellen können und ich Sie ermutige, mit den Ideen im Prozess zu spielen. Die allermeisten sind mit ein paar wenigen Handgriffen umzusetzen, sodass Sie unmittelbar, spätestens aber nach einer kurzen Kaffeepause, startbereit sind.

Spielräume

Für den Einsatz agiler Methoden gibt es eine komfortable Bandbreite. Das ist ja der große Gewinn dieser multifunktionalen und anpassungsfähigen Formate. Viele Methoden habe ich selbst schon abgewandelt oder weiterentwickelt. Manchmal wurden sie dadurch noch pointierter, manchmal kam auch eine ganz neue Idee dabei heraus. Ich nehme den Begriff „Spielraum" gerne wörtlich: Ich spiele dann mit den Materialien und den räumlichen Möglichkeiten, verrücke mal nach links, mal nach rechts und komme am Ende zu der Erkenntnis, dass die beste Bühne doch in der Kaffee-Ecke vor dem Seminarraum ist. Gerade deswegen bin ich auch immer eine ganze Zeit vor Seminarbeginn in den Tagungshäusern. Bei mehrtägigen Veranstaltungen reise ich am Vorabend an, um mich mit den Räumen und der ganzen Atmosphäre anzufreunden. Da kommt es schon mal vor, dass eine Hotel-Deko mich auf eine ganz neue Idee bringt und ich diese als Option im Hinterkopf behalte. Neulich war ich von einer Wanddekoration so begeistert, dass ich sie mit meinem Mobiltelefon abfotografierte und am nächsten Tag als Hintergrundmotiv über den Beamer für eine Übung nutzte. Das meine ich mit Spielräumen.

Weitere Einsatzmöglichkeiten

Es gibt viele Methoden, die mit ein paar Anpassungen auf völlig neue Weise eingesetzt werden können. Wenn uns etwas beschränkt, dann sind es in der Regel die Schranken in unseren Köpfen. Ich finde es zum Beispiel sehr erfrischend, wenn ich von den Seminarteilnehmern lernen darf, was diese aus verschiedenen Übungen machen. Viele meiner Ideen basieren auf den Äußerungen oder Improvisationen von Einzelklienten und Seminarteilnehmern. Aus einem Arztkittel wurde beispielsweise mit ein paar Handgriffen ein Hausfrauenkittel, und schon hatten wir für die Übung einen völlig neuen Kontext. Oder innerhalb eines Führungstrainings bemerkte eine Teilnehmerin, dass ihr „Der Stein des Anstoßes" in ihrer Beziehung gerade eine große Hilfe sein könnte.

Sie dürfen sich also erlauben, vollkommen querzudenken und auszuprobieren. Sicher, manchmal erzielen bestimmte Methoden einfach nicht den gewünschten Effekt. Das kann viele Ursachen haben: Sie stehen nicht hinter der Methode, der Zeitpunkt hätte passender sein können, Sie haben sich zu eng an die Vorlage gehalten und dabei die Individualität der Zielgruppe aus dem Auge verloren etc. Ich finde es nicht tragisch, wenn eine gute Absicht einmal nicht rundum punktet. Das passiert mir gelegentlich, in Einzelcoachings wie im Seminar. Die Nebenwirkungen sind überschaubar und ich mache eben was anderes. Große Hilfe: Bleiben Sie locker!

Technische Hinweise

Hier gibt es noch ein paar Hinweise zu:
- dem eingesetzten Material,
- der Gruppengröße,
- dem Ort und
- dem ungefähren Zeitbedarf.

Lassen Sie sich auch hier nicht durch meinen Rahmen beschränken. Es ist nur angegeben, was ich bereits selbst ausprobiert habe. Was möglich ist, steht auf einem völlig anderen Blatt.

An dieser Stelle noch ein ganz wichtiger Hinweis: Verschwinden Sie mit Ihrer Persönlichkeit nicht hinter einer Technik. In erster Linie punkten *Sie* durch Ihre eigene Begeisterung für die Methoden und die Selbstverständlichkeit, mit der Sie diese anwenden. Wenn Sie gerne Musik als Unterstützung einsetzen, achten Sie bitte auf die GEMA-Gebühren. GEMA-freie Musik finden Sie u. a. bei ↗ http://www.audiojungle.net und auch unter ↗ http://www.youtube.de (Suchbegriff „GEMA freie Musik" eingeben).

Meine ganz eigenen Ideen zur Methode

An dieser Stelle sind Sie dran. Den freien Raum habe ich für Ihre eigenen Notizen, kreativen Ideen und Anmerkungen zu den Methoden reserviert. Dabei kann Sie folgender roter Faden unterstützen:
- Mein neuer Arbeitstitel lautet ....
- Ziel und möglicher Ablauf: ....
- Material (Kostüme, Requisiten, Bilder, Handys, Computer …)
- Kontext (Verkauf, Werkstatt, Familie, Stammtisch, Klinik …)
- Räume (Seminarraum, Wiese, Auto, Park, Küche …)
- Gruppengröße (Einzelklient, Paar, Kleingruppe, Plenum)
- Setting (Coaching, Seminar, Workshop, Beratung, Supervision …,)
- Prozessphase (Einstieg, Kennenlernen, Arbeitsphasen, Vertiefung, Zusammenfassung …) und
- Dauer (fünf Minuten, 30 Minuten, eine Stunde, zwei Stunden, ein halber Tag …)

Manchmal kommen mir schon beim Lesen von Kollegen-Übungen eigene Ideen. Auch als Teilnehmer an Seminaren und Fortbildungen stoße ich immer wieder auf tolle Impulse für Neuentwicklungen. Doch besonders viele Ideen liefern mir die Teilnehmer. Ich habe es mir zur Angewohnheit gemacht, die freien Interpretationen der Aufgabenstellungen und auch die Anregungen aus der Gruppe im Anschluss der Veranstaltung schriftlich festzuhalten. Daraus sind schon viele Varianten und auch ganz neue Methoden entstanden. Nutzen also auch Sie die Impulse der Gruppe. Und manchmal braucht es auch eine ganze Zeit, bis mein kreativer Motor anfängt zu laufen. Wenn ich von mir fordere, kreativ zu werden, passiert in der Regel gar nichts.

Daher mein Rat an Sie: Wenn Ihnen nicht schon beim Lesen erste Ideen in den Kopf schießen, lassen Sie meine Anregungen erst mal sacken – und machen Sie etwas ganz anderes. Mein Buch läuft Ihnen nicht weg. Toll wäre es, wenn Sie mir von Ihren Ergebnissen erzählten. Unter info@horstlempart.de sammele ich die Einfälle und Erfahrungen aller Kollegen und hoffe, dass daraus für uns alle eine noch umfangreichere Ideensammlung entstehen wird. Ich sage hier schon mal Dankeschön.

Teil 2 | Agile Seminarmethoden

Gestatten Sie mir noch einen wichtigen Hinweis, bevor Sie in die wunderbare Welt der Methoden-Schatzkiste abtauchen. In Seminaren und Coachings spontan zu reagieren wird mir auch deshalb möglich, weil ich mich immer gut ausstatte mit Arbeitsmaterialien und Requisiten. Selbst dann, wenn ich längere Anfahrten zu meinen Kunden habe, führe ich als Grundausstattung meine „Lieblingsstücke" mit. Da ich kein Auto habe und fast alle Wege mit öffentlichen Verkehrsmitteln zurücklege, ist das manchmal schon ein gutes Päckchen voller „Plunder". Und nicht selten passiert es, dass ich auf meine Utensilien im Zug angesprochen werde, wenn aus der Tasche mal wieder ein Plüsch-Schwein schaut. Auch mein Entscheidungswürfel, der in keine Tasche passt, ist unter dem Arm oft ein Hingucker. Meine Botschaft für Sie: Vieles ist möglich, wenn Sie anfangen zu improvisieren und Ihre Organisation den Bedingungen anpassen. Das ist für mich Agilität. Womöglich coache ich schon immer agil, weil ich permanente Rückkopplungen zu meinen Klienten einbaue. Das heißt nicht, dass ich sämtliche Erwartungen meiner Kunden erfülle. In meiner Rolle als Persönlichkeitsstörer ist das eher nicht der Fall. Aber ich arbeite ganz dicht an den Angeboten, die mir meine Klienten und Seminarteilnehmer machen. Die konsequente Ausrichtung am Kunden war und ist für mich agiles Coachen.

Früher war ich gar kein Freund von 1-Euro-Shops. Und auch die türkischen Gemischtwarenhändler, die sich nahezu in jeder Stadt finden, waren mir viel zu unübersichtlich für eine entspannte Shopping-Tour. Inzwischen habe ich beide Adressen als reine Goldgrube für neue Ideen entdeckt. Manchmal stehe ich eine ganze Stunde in einem solchen Laden und krame in den großen Kisten rum und zack, da kommt mir eine neue Idee. Und inzwischen habe ich einen türkischen Händler in Koblenz ausgemacht, der nahezu alles hat, was ich sonst nirgends finde. Ich bin oft beeindruckt, wie schnell der Mann weiß, was ich brauche, obwohl ich manchmal selber nicht weiß, was ich da beschreibe!

Und schließlich nutze ich sehr viel von den Materialien vor Ort: Hotel-Deko, Blumenvasen, Kleiderständer, Bilder, Geschirr und Besteck, leere Weinflaschen, Prospekte, Pflanzen … Und bei mir im Büro muss sowieso alles dran glauben, was nicht festgenagelt oder festgeklebt ist. Manchmal bieten auch die Seminarteilnehmer eigene Accessoires an, die gerade für eine Inszenierung passend sind. Entdecken Sie die Möglichkeiten vor Ihrer Nase. Unperfekt ist perfekt für agiles Arbeiten.

Ich lade die Teilnehmer immer dazu ein, mit der Handy-Cam Fotos und Videos aufzuzeichnen. Da diese Geräte sowieso ständige Begleiter sind, lasse ich sie einfach ganz offiziell nutzen. Das macht den meisten nicht nur Spaß, sondern die Inhalte bleiben auch noch über die Veranstaltung hinaus abrufbar. Als kleiner Nebeneffekt ergeben sich immer wieder tolle Aufzeichnungen, die mir die Teilnehmer zur weiteren Verwendung überlassen.

Achtung: Wenn Sie das auch machen wollen, sollten mit Ihren Teilnehmern unbedingt klären, dass gefilmt und fotografiert werden darf. Und für die Weiterverwendung des Film- und Bildmaterials müssen Sie die Nutzungsrechte klären.

Damit Sie gezielt nach passenden Methoden für Ihren Kontext suchen können, haben ich eine Übersicht mit ein paar Anhaltspunkten für Sie zusammengestellt. Die Einordnung erfolgte nach meiner praktischen Erfahrung. Sie schließt keinesfalls aus, dass die Methoden nicht auch in anderen Zusammenhängen erfolgreich eingesetzt werden können. Ich möchte Sie daher unbedingt ermuntern, auch für andere Settings, Themen und Gruppengrößen meine Ideen auszuprobieren oder anzupassen. Setzen Sie dann ganz einfach Ihre eigenen Häkchen in die noch offenen Felder.

Für das Timing im Prozessverlauf orientiere ich mich am Phasenmodell nach Tuckmann (Siehe dazu auch https://de.wikipedia.org/wiki/Teambildung). Ich vereinfache das Modell auf drei Phasen: Die Kennenlernphase (KP), die Arbeitsphase (AP) und die Trennungsphase (TP). Die Rubriken sortiere ich nach Interaktion (I), Analyse (A), Evaluation (E) und Transfer (T).

Methode	Titel	Für Einzelsetting geeignet	Improvisation	Rubrik	Prozess-Verlauf
2.01	Auf dem Basar		x	I, A, E	AP, TP
2.02	Mein Allerheiligstes	x		A	AP, TP
2.03	Fischen in fremden Teichen			I	AP, TP
2.04	Der Bildschirmschöner	x		A, T	KP, AR, TP
2.05	Der Rosinenpicker			T, E	AP, TP
2.06	Deine Spuren im Sand			T, E	AP, TP
2.07	Schrottwichteln		x	I	AP
2.08	Der geplatzte Glaubenssatz-Traum	x		A, I	AP, TP
2.09	Erfahrungsräume schaffen	x	x	A, I, T	KP, AP
2.10	Parts Party		x	A	KP, AP

Methode	Titel	Für Einzelsetting geeignet	Improvisation	Rubrik	Prozess-Verlauf
2.11	Warteschleife		x	A	KP, AP, TP
2.12	Markt der Möglichkeiten		x	A, I, E, T	KP, AP, TP
2.13	Small Talk		x	A, I	KP, AP
2.14	Jammertal	x		A	KP
2.15	In die Bresche springen		x	I	AP
2.16	Ich mache mir ein Bild von dir			A	KP
2.17	Löcher in den Himmel starren	x		E, T	AP, TP
2.18	Ich verstehe deine Frage nicht	x		A, I	KP, AP
2.19	Stolpersteine	x		A, I	AP, TP
2.20	Das Kamishibai		x	A, I, E, T	KP, AP, TP
2.21	Seitensprung	x	x	I	AP
2.22	Arschengel	x		A, I	AP
2.23	Expertensprechstunde	x	x	I, T	AP, TP
2.24	Aus der Rolle fallen		x	I	AP
2.25	Sprücheklopfer	x	x	I, T	AP, TP
2.26	Andere Ufer	x		I	AP
2.27	Der Schlüssel zum Erfolg	x		A, I	KP, AP
2.28	Horizonte	x	x	E, T	AP, TP
2.29	Seminarassistent Horst Schredder		x	A, I, E, T	KP, AP, TP
2.30	Das rote Sofa		x	I	KP, AP
2.31	Europakonferenz			I	AP
2.32	Im Truben fischen	x	x	I, E	AP
2.33	Der Taschenspieler	x		T	AP, TP

Methode	Titel	Für Einzelsetting geeignet	Improvisation	Rubrik	Prozess-Verlauf
2.34	Summa summarum	x		T	AP, TP
2.35	Die Sicherheitskontrolle			A	KP
2.36	Kartenleser	x		E, T	TP
2.37	Mein Pseudonym			A	KP
2.38	Schattenspiele	x		I	AP
2.39	Hirngespenster	x		I	AP
2.40	Der Problem-Lösungs-Mix	x		A, I	AP
2.41	Kaffeesatz lesen			I	AP
2.42	Keine Miene verziehen		x	I	AP
2.43	Mannschaftsaufstellung			A, I	KP, AP
2.44	Tabu im Business		x	A	KP
2.45	Schwafelhölzer	x		I, E	AP, TP
2.46	Der Stoff, aus dem die Ziele sind	x	x	E, T	TP
2.47	Mein Vermächtnis		x	E	TP
2.48	Kindheitshelden	x	x	I	AP
2.49	Eigenlob stimmt		x	I	AP
2.50	Dunkle Zeiten, goldene Zeiten	x		A, I	AP
2.51	Am laufenden Band		x	E	TP
2.52	Unsere Stimmung ist blau	x		A, I	KP, AP

Tabelle 1: Welche Methode passt in welchen Kontext?

Legende: Kennenlernphase (KP), Arbeitsphase (AP), Trennungsphase (TP), Interaktion (I), Analyse (A), Evaluation (E), Transfer (T)

2.1 Auf dem Basar

Improvisierte Bühneninszenierung in einem für das Ziel typischen Lernkontext

Ziel

Ursprünglich lautete der Auftrag, bei Vertriebsmitarbeitern in einem großen Telekommunikationsunternehmen das „Nein-Sagen" zu fördern. Der Vertriebsleiter hatte den Eindruck, viele seiner Mitarbeiter ließen sich zu oft vertriebsfremde Aufgaben aufs Auge drücken und würden deshalb nicht zu ihren eigentlichen Aufgaben kommen. Gleichzeitig sollte die Kompetenz entwickelt werden, eindeutig einen Standpunkt zu beziehen und sich abgrenzen zu können.

Meine Idee dahinter / Ablauf

Wenn ich mich mit der Konzeption eines Seminars beschäftige, dann läuft bei mir im Hintergrund immer eine Art „inneres Radarsystem": Mit dem Briefing in meinem Kopf werde ich besonders aufmerksam für Möglichkeiten, die die Seminarinhalte unterstreichen können. Die Basar-Idee kam mir nicht im Orient, sondern auf einem der vielen lokalen Märkte in einem Thailand-Urlaub. Ich liebe das rege Treiben dort und bin ein großer Freund davon, Szenen im Bild festzuhalten. Die meisten der Händler sind gerne bereit, sich mit ihren Waren fotografieren zu lassen. Einige wittern dahinter womöglich eine kleine Gegenleistung in Form eines Geschäfts, dann hat jeder was davon. Und gerade bei exotischen Lebensmittelangeboten geht diese Rechnung oft auf, bei mir zumindest. Geschmacksproben sind gute Köder für einen Kauf. Wer sich jedoch bei jedem freundlichen Lächeln zu einem Einkauf verpflichtet fühlt, der mag bald auf einer leeren Urlaubskasse sitzen. Ich halte es für sehr hilfreich, mit einem freundlichen und bestimmten „Nein" den Geldbeutel (und den Magen!) zu schonen. Besonders bekannt für das rege Treiben, die Geschäftstüchtigkeit und die direkte Ansprache sind die orientalischen Basare. Und viele wissen aus eigener Erfahrung, dass es manchmal „überlebenswichtig" ist, beim „Nein" zu bleiben, selbst nach der fünften Einladung zum Teetrinken.

Diese Basar-Atmosphäre hole ich mit ein paar Handgriffen in den Seminarraum. Kaffee und Tee stehen sowieso meistens bereit, das ist schon mal eine gute Ausgangsbasis. Für die Ausstattung des Geschäfts bietet sich nahezu alles an, was die unmittelbare Umgebung hergibt: mein kompletter Requisitenkoffer, sämtliche Dekogegenstände im Raum, alle greifbaren Textilien und natürlich auch die Handtaschen der Teilnehmerinnen nebst Inhalt. Hier empfehle ich Ihnen jedoch dringend, vorab um

Erlaubnis zu fragen, sonst könnte sich die Szene ungewollt in eine ganz andere Richtung entwickeln …

Als besonders basartauglich haben sich erwiesen: Sonnenbrillen, Handtaschen, CD-Hüllen, Gürtel und Mobiltelefone. Aber grundsätzlich lässt sich alles für den großen Handel zum Einsatz bringen.

Mir macht das Verkleiden sehr viel Spaß, deshalb verfremde ich mich oft mit Kostümen oder Maskeraden. Das hat einen sehr positiven Nebeneffekt: Ich bin dann nicht mehr in der Rolle des Coachs oder Trainers, sondern in der Rolle des Verkäufers, Arzts, Königs … und kann mir daher ganz andere Dinge erlauben als der Seminarleiter. Mir ist diese Rollenklarheit ganz wichtig, und die Teilnehmer sind viel schneller bereit Botschaften zu akzeptieren, die ich aus einer anderen Rolle an sie adressiere. Der humorvolle Unterbau fördert diese Akzeptanz zusätzlich. Für den Basarverkäufer schlüpfe ich in ein Jackett, eine dunkle Perücke dazu und einen angeklebten Schnurrbart. Das müssen Sie nicht genau nachmachen, sondern finden Sie einfach ein für Sie passendes Wohlfühl-Outfit.

Zu guter Letzt untermale ich die Basar-Szene noch mit typischer Basar-Musik. Diese finden Sie zum Beispiel auf YouTube. Bitte denken Sie bei der gewerblichen Nutzung von Ton- und Filmmaterial unbedingt an die Urheberrechte und an ggf. anfallende GEMA-Gebühren.

Wenn ich weitere Darsteller auf der Bühne brauche, wie das beim Basar-Geschehen oft der Fall ist, frage ich nicht nach Freiwilligen. Mit großer Selbstverständlichkeit greife ich mir jemanden aus dem Publikum, der mir für die Szene besonders geeignet erscheint. Mir ist es wichtig, dass die Leichtigkeit der Methode nicht durch langatmiges Auswählen eines „Freiwilligen" beschwert wird.

Die Auswahl der weiteren Rollen erfolgt bereits mit „verkäuferischer Direktheit" und in meiner Verkleidung. Damit startet das Stück also schon, bevor der „Vorhang" aufgeht. Wer nicht aktiv auf der Bühne ist, der findet seinen Platz im Zuschauerraum, den ich mit Kino- bzw. Theaterbestuhlung ausgestattet habe.

Unter ↗ https://youtu.be/KThOVfjvNco (Sie können auch den QR-Code scannen) halte ich ein Video für Sie bereit, das Ihnen einen kurzen Eindruck in die agile Methode „Auf dem Basar" erlaubt.

Spielräume

Es muss kein Basar, es kann natürlich auch ein ganz anderer Markt sein. So ist es durchaus möglich, dass sich die Szene auf einem dörflichen Wochenmarkt irgendwo in Deutschland abspielt. Stellen Sie sich vor, Sie als Kunde fordern immer ein ganz bestimmtes Obststück aus der Auslage und lehnen jedes andere ab. Da ist es durchaus hilfreich, eine feste Meinung zu haben. Auch lässt sich das Nein-Sagen vortrefflich üben, wenn sich ein Kunde endlos viele Textilien vom Verkäufer herantragen lässt und nach jeder Anprobe mit einem „Nein" kontert. Sie können die Marktszene auch in einen Supermarkt verlegen. Wie wäre es, wenn Sie der freundlichen Bitte eines eiligen Kunden, ihn an der Kasse vorzulassen, ein ebenso freundliches „Nein" entgegenhalten würden?

Sie sehen, es gibt viele Möglichkeiten, mit ein paar Handgriffen die Szene völlig neu umzusetzen. Ich habe damals die Gruppe aufgefordert, eigene Drei-Minuten-Stücke zu entwickeln, was allen Beteiligten sehr viel Spaß machte. Vor allem das Verkleiden fand schnell großen Anklang. Wenn die Teilnehmer erst einmal warm geworden sind, müssen sie nicht mehr besonders eingeladen werden, sich am Requisitenkoffer zu bedienen.

Folgende Spielräume sind noch entstanden:
- Im Wohnzimmer sitzen Vater, Mutter und Sohn zusammen. Die Eltern lehnen die Bitte des Sohnes ab, am Samstag mit Freunden auf eine Party zu gehen und erst spät nach Hause zu kommen.
- Am Stammtisch sitzen die Freunde zusammen und lassen sich das Bier schmecken. Bis auf einen – der muss seine Abstinenz hart verteidigen.
- Mutter und Kind an der Supermarktkasse: Wie anstrengend es ist beim „Nein" zu bleiben, wenn der oder die Kleine partout etwas aus dem Süßwarenregal möchte.

Weitere Einsatzmöglichkeiten

Ursprünglich ging es um das Thema „Nein-Sagen-Lernen" und im Weiteren auch darum, sich abgrenzen zu können und einen klaren Standpunkt zu beziehen. Sie haben vielleicht schon entdeckt, dass die Methode auch noch für eine ganze Fülle anderer Themen eingesetzt werden kann:
- Kontaktanbahnung
- Verkaufstechniken
- empathische Gesprächsführung
- NLP-Training
- Körpersprache
- Abschlusstechniken

Technische Hinweise

Gruppengröße: sechs Teilnehmer und mehr

Material: Verkleidung für den Verkäufer, Requisiten für den Marktstand, Hintergrundmusik

Dauer: ca. 10–15 Minuten; wenn Sie noch eigene Inszenierungen entwickeln und diese spielen lassen, durchaus bis zu einer Stunde

Vorbereitung: passende Musik auswählen, Theaterbestuhlung

Meine ganz eigenen Ideen zur Methode

_____
_____
_____
_____
_____
_____
_____
_____
_____
_____
_____
_____
_____
_____
_____
_____
_____
_____

2.2 Mein Allerheiligstes

Mit ein paar Handgriffen den Seminarraum in einen Ort des festen Halts verwandeln

Ziel

Mit dieser Methode lade ich die Teilnehmer in meinen Seminaren dazu ein, ihre grundlegenden Bedürfnisse und Erwartungen an die Zusammenarbeit zu äußern. Es geht darum, die Art und Weise des Miteinanders zu regeln. Im Hintergrund schwingt also die Frage mit: Nach welchen Regeln möchten wir hier zusammenarbeiten? Die Ergebnisse unterstützen einerseits das reibungslose Zusammenspiel zwischen den Teilnehmern und mir, sie regeln aber auch die Umgangsformen zwischen den Teilnehmern, was ganz besonders in Konfliktsituationen eine starke Wirkung hat.

Meine Idee dahinter / Ablauf

Die Idee zu dieser Methode kam mir während eines Klosteraufenthalts. Ich bin immer wieder beeindruckt davon, wie stark die Kraft des Glaubens ist. Und mit welcher Leidenschaft die Menschen für ihre Überzeugungen eintreten. Das Allerheiligste in der Kirche wird oft in einem besonderen Schrein aufbewahrt. Manchmal werden Marienfiguren oder Schutzpatrone auch nur zu ganz besonderen Anlässen den Gläubigen präsentiert. Für den besonderen Schutz dieser Heiligtümer gibt es in der deutschen Sprache die Aussage: „Das ist mir heilig", sprich: Das ist unverhandelbar, darauf lasse ich nichts kommen, das ist für mich fix, darauf möchte ich auf keinen Fall verzichten.

Für das reibungslose Funktionieren der Gruppe ist es wichtig, dass diese Heiligtümer öffentlich werden. Außerdem ist es sehr hilfreich, sich seiner eigenen Werte und Überzeugungen bewusst zu werden. Dazu ist diese Methode sehr hilfreich. Wenn ich früher fragte, nach welchen Regeln die Gruppe zusammenarbeiten möchte, kamen immer nur ein paar sehr zaghafte Wortmeldungen. Inzwischen gehe ich die Sache anders an und kann darauf bauen, dass es eine ganze Anzahl verschiedener Heiligtümer gibt.

Ich lege dazu ein großes Stück roten Stoff als eine Art „roten Teppich" aus. Darauf stelle ich einen Tisch, den ich mit einem goldenen Tuch abdecke, sodass er wie ein Altar wirkt. Darauf stelle ich ein Gefäß, das eine hohe Wertigkeit ausstrahlt. Das kann eine schöne Blumenvase sein, eine Schüssel, ein größeres Schmuckkästchen oder auch eine goldene Klangschale.

Dann bitte ich die Teilnehmer, sich einen Moment Zeit zu nehmen für das Hervorholen ihrer Heiligtümer. Diese schreiben sie auf gelbe Metaplankarten (goldenes Papier ist hier noch besser) und werfen sie dann in das bereitgestellte Gefäß. Bis ein Heiligtum gefunden ist, dauert manchmal eine Weile, und gelegentlich findet jemand gar keinen Zugang. Das ist dann auch in Ordnung. Manchmal kommt es zu Doppelnennungen einzelner Themen, was deren Wichtigkeit betont. Wenn alle ihre Zettel eingeworfen haben, nehme ich einen nach dem anderen heraus und lese sie jeweils laut vor. Zu diesem „Ritual" gibt es keine weiteren Äußerungen. Ich hänge die Heiligtümer dann gut sichtbar an ein vorbereitetes Flipchart-Papier. Ich habe es vorher mit einem gezeichneten Rahmen versehen – der Rahmen, in dem wir uns bewegen. Wenn alle Heiligtümer hängen, können noch Fragen gestellt werden und wir prüfen die Anschlussfähigkeit aller Teilnehmer.

Spielräume

Sie können das Allerheiligste natürlich auch in andere Bilder bringen, zum Beispiel die „heilige Kuh" oder der „heilige Schrein". Sie brauchen auch nicht unbedingt einen Bezug zur Religion. Um an die unverhandelbaren Voraussetzungen heranzukommen, können Sie Gruppen zum Beispiel auch „Allgemeine Geschäftsbedingungen" entwickeln lassen, die in Form eines Urnengangs zusammengetragen werden. Hier bietet es sich an, diese AGB entsprechend zu visualisieren, z. B. durch Paragrafenzeichen.

Eine weitere schöne Möglichkeit, die wirklich wichtigen Voraussetzungen zu schaffen, ist das „Hüten des Augapfels". Auch in diesem Sprichwort verbirgt sich die Botschaft, dass etwas unseren ganz besonderen Schutz verdient – in diesem Fall also die notwendigen Regeln der Zusammenarbeit. Die Frage kann also lauten: „Was sind eure Augäpfel?" Hier bietet sich die schöne Variante an, die Regeln auf aufgeblasene, weiße, runde Luftballons zu schreiben, die an einen Augapfel erinnern. Diese werden dann an einer Wäscheleine festgeklammert, damit sie dauerhaft im Auge bleiben (wie naheliegend!).

Weitere Einsatzmöglichkeiten

Wenn das Ziel klar und das Mandat eindeutig ist, bietet sich diese Methode sehr gut an, um die Regeln zu klären. Das erfolgt dann in einer frühen Prozessphase, um die Arbeitsfähigkeit der Gruppe sicherzustellen.

Genauso wirksam kann „Das Allerheiligste" auch werden, um an Glaubenssätzen zu arbeiten. Vielleicht kennen Sie aus dem Neurolinguistischen Programmieren den

„Friedhof der Glaubenssätze", auf dem blockierende Überzeugungen zu Grabe getragen werden? Genauso gibt es aber auch Glaubenssätze, die für die Klienten nach wie vor eine extrem hohe Gültigkeit haben. Diese herauszuarbeiten ist genauso wichtig wie das Zurücklassen der alten. Die Glaubenssatzarbeit ist sowohl in der Gruppe als auch im Einzelsetting möglich.

Eine weitere Möglichkeit besteht in der Bearbeitung von Tabus. Das sind die „heiligen Kühe", die in Organisationen weder angetastet noch geschlachtet werden dürfen. Auch hier lässt sich in der Gruppe herausarbeiten, welche Tabus es zu berücksichtigen gibt, welche enttabuisiert werden sollten und wofür es (zur Zeit noch) Sinn macht, sie auf sich beruhen zu lassen.

Technische Hinweise

Gruppengröße:	fünf Teilnehmer und mehr
Material:	roter und goldener Stoff, edles Gefäß, gelbe oder goldene Metaplankarten, Flipchart, Klebepunkte
Dauer:	ca. 15–20 Minuten
Vorbereitung:	„Altar" aufbauen, Rahmen auf das Flipchart malen

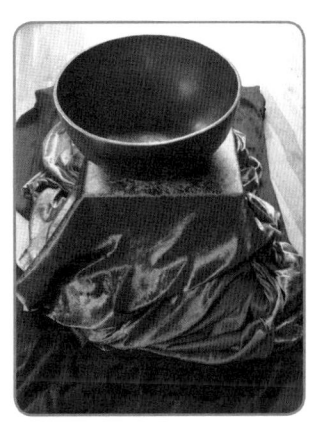

Meine ganz eigenen Ideen zur Methode

_____

_____

_____

_____

_____

_____

2.3 Fischen in fremden Teichen

Sich von der positiven Ausstrahlung anderer Seminarteilnehmer anstecken lassen

Ziel

Was die Seminarteilnehmer untereinander austauschen und mitnehmen können, ist letztlich viel relevanter als mein „Input". Daher ist es mir immer ein besonderes Anliegen, den Blick auf die vorhandenen Stärken zu stärken: Wer hat eine Eigenschaft, die ich mir für mich selbst wünsche? Von wem könnte ich hier noch etwas lernen? Wer könnte für mich ein geeigneter Mentor sein? Die Methode lädt dazu ein, stark ressourcenorientiert auf die Gruppe zu schauen und davon zu profitieren. Ganz im Sinne des NLP: Lernen am Modell.

Meine Idee dahinter / Ablauf

In seinem Buch „Reflektierbar" beschreibt Jörg Friebe die Übung „Fische im Teich", die ein ähnliches Bild aufbaut. Ich habe die Idee erweitert um den ganz gezielten „Blick über den eigenen Tellerrand hinweg zum Teller des Nachbarn", also um das Aufspüren fremder, neuer Möglichkeiten.

Das „Fischen in fremden Teichen" gilt zwar meistens nicht als die feine Art, ist aber trotzdem weit verbreitet: Da werben Unternehmen Mitarbeiter anderer Unternehmen ab, Kunden wandern beim Stellenwechsel mit, der Vater brüstet sich mit den Erfolgen des Sohnes (oder umgekehrt), jemand erntet das Lob für eine Tätigkeit, die ein anderer ausgeführt hat. Für die Übung schmeißen wir all diese Bewertungen, es handele sich um „moralische Verstöße", über den Haufen. Im Gegenteil: An einem inszenierten Teich machen wir es uns gemütlich und genießen die entspannte Stimmung der Angler am Ufer: sehr konzentriert auf das Leben da unter der Oberfläche und aufmerksam, im richtigen Moment den Fang an Land zu ziehen.

Damit diese Stimmung aufkommt, platziere ich ein Stück blauen Stoff als Wasserfläche. Mit einigen Plüschfischen und zwei Bambusstöcken, die als Angelruten dienen, ist im Handumdrehen eine Teich- bzw. Seeatmosphäre geschaffen. Die Teilnehmer notieren auf blauen Metaplankarten, was sie an anderen Teilnehmern besonders beeindruckt und was sie sich davon gerne „angeln" oder „an Land ziehen" möchten. Das legen sie dann in den Teich. Davon gehen Impulse an die anderen Angler aus, so ähnlich, als würde man einen Stein ins Wasser werfen, der die Wellen ans Ufer zurückdrängt.

Ich finde es immer sehr schön zu beobachten, wie die Eindrücke durch weitere Teilnehmer angereichert werden und welche Wirkung das beim Ressourcengeber auslöst. Oft ist diesem gar nicht klar, was für eine positive Wirkung er bei anderen hinterlässt.

Spielräume

Die Idee, sich von der Kraft anderer anstecken zu lassen, lässt sich auch noch in ganz andere Bilder bringen. „Die Kirschen in Nachbars Garten" schmecken bekanntlich am besten, sodass man z. B. einen Baum inszenieren kann, an den rote, runde Karten gehängt werden. Und warum sich nicht mal „mit fremden Lorbeeren schmücken", wenn sie uns stark machen? Kleine Lorbeerbäumchen gibt es inzwischen als Topfpflanze und sie lassen sich schnell von einer Fensterbank in den Seminarraum holen. In manchen Hotels werden sie als Deko benutzt, und so leihe ich sie mir kurzerhand als natürliche Requisite aus. Notfalls reicht auch ein großes Bild einer Lorbeerfrucht oder ein gezeichnetes Flipchart, um die Idee aufzugreifen.

Eine sehr stimmungsvolle Variante lässt sich inszenieren, wenn in der Nähe des Tagungsorts ein kleiner See oder Teich ist. Im Rahmen einer Teamsupervison habe ich einmal die Teilnehmer auf Stühlen und Bänken am Rande eines kleinen Sees Platz nehmen lassen. Wir haben auf sämtliches Material wie Metaplankarten, Flipchart etc. verzichtet und uns der meditativen Stimmung hingegeben. Jeder der Anwesenden hat „an Land gezogen", was er von den anderen gut gebrauchen konnte. Da kam ein ganz beträchtlicher Fang zusammen. Wo immer es geht und das Wetter mitspielt, nutze ich solche natürlichen Möglichkeiten der Umgebung.

Weitere Einsatzmöglichkeiten

Ein bisschen erinnert die Übung an „Fishing for compliments", und so kann sie auch genutzt werden. Das ist für mich eine sehr kreative Variante, um sich gegenseitig Feedback zu geben, das bewusst positiv sein soll. Ich wende die Methode zum Beispiel auch in Supervisionsgruppen an, in denen oft Defizite oder Probleme im Vordergrund stehen. Gelegentlich den Fokus auf die Ressourcen und Stärken zu legen kommt bei den Teilnehmern sehr gut an. Auch im Rahmen einer Tagesabschlussrunde habe ich schon sehr gute Erfahrungen damit gesammelt. Im Verlauf des Tages hat sich ein erster Eindruck manchmal verdichtet, manchmal auch differenziert, was sich in den Rückmeldungen dann schön zum Ausdruck bringen lässt.

Auch für einen Abgleich zwischen Selbst- und Fremdbild ist die Methode eine gute Möglichkeit. Was unter der Wasseroberfläche liegt, kann ans Tageslicht gefördert werden. Wie wäre es zum Beispiel, aus dem Teich einen Brunnen zu machen, aus dem Klarheit geborgen wird? Dann können die positiven Anmerkungen der Teilnehmer zu intensiven Aha-Momenten werden und bei der Entwicklung von Selbstvertrauen und Zuversicht unterstützen.

Zudem hat das Bild des Wassers immer auch etwas mit Selbsterkenntnis zu tun. Wenn ich in fremden Teichen fische, steckt darin auch eine Aussage über meine Bedürfnisse oder Schwächen. In Gruppen kann das zu intensiven Gesprächen führen: „Findest du echt, dass du das brauchst? Finde ich gar nicht, weil …"

Technische Hinweise

Gruppengröße: acht Teilnehmer und mehr

Material: blauer Stoff, Plüschfische,
Stöcke als Ruten,
blaue Metaplankarten

Dauer: ca. 20 Minuten.
Wenn es aus der Gruppe
auch Anmerkungen geben
darf, bis zu 45 Minuten

Vorbereitung: Teich inszenieren

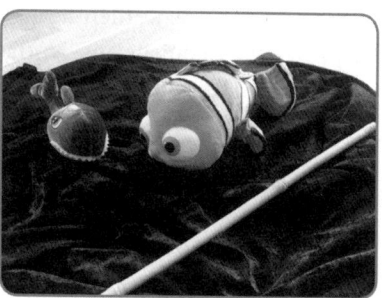

Meine ganz eigenen Ideen zur Methode

_____

_____

_____

_____

_____

_____

_____

2.4 Der Bildschirmschöner

Handynutzung im Seminar? Klar, die ideale Transferhilfe!

Ziel

Die erarbeiteten Inhalte sollen auch nach Seminarende weiterwirken. Am besten durch aussagekräftige Bilder oder durch Wort-Bild-Kombinationen, die für die Teilnehmer eine hohe Aussagekraft und einen persönlichen Bezug haben. Jedes Angebot, das ich in Form einer Vorlage weitergebe, ist nur ein halbherziger Kompromiss. Ich halte es für wesentlich hilfreicher, dass die Seminarteilnehmer sich ein eigenes Bild von den neuen Möglichkeiten machen und diesem Motiv auch ihre eigene Bedeutung zuschreiben.

Meine Idee dahinter / Ablauf

In vielen Seminaren stehen wir als Trainer in Konkurrenz zu den Smartphones, die ein Stück weit die Teilnehmeraufmerksamkeit auf sich ziehen. Wenn am Anfang die Regeln der Zusammenarbeit festgelegt werden, gehört es zur gängigen Praxis, auch die Handynutzung zu besprechen.

In meinen Seminaren hänge ich immer ein Plakat auf, wo in großen Lettern zu lesen ist: „Fotografieren und Filmen ist ausdrücklich erlaubt." Ich finde, wenn wir schon über so tolle Mittel wie Bild-, Film- und Tonaufnahmen in nahezu jeder Jackentasche verfügen, dann sollten wir die auch nutzen. Das Handy wird damit für mich nicht zum Konkurrenten, sondern zum Verbündeten. Für mich ist es immer schön zu erleben, dass die Teilnehmer zu Mitwirkenden werden und aktiv am Prozess beteiligt sind, auch durch eine Linse.

Die Bild- und Tondokumentationen schauen wir uns bereits in den Pausen gemeinsam an und kommentieren erneut. Was Besseres kann mir als Seminarleiter gar nicht passieren. Teilweise erübrigt sich schon das Fotoprotokoll der Veranstaltung, weil sowieso die Allermeisten mehr festgehalten haben als ich selbst. Eigene Aufzeichnungen mache ich dann nur noch für meinen Auftraggeber und meine Unterlagen.

Oft kommt ein weiterer Effekt hinzu: Bilder und Videos werden vielfach in den sozialen Netzwerken gepostet. Für mich ist das völlig in Ordnung. Und wenn es das für die anderen Teilnehmer auch ist, dann freue ich mich über diese Veröffentlichungen. Wichtig ist, die Persönlichkeitsrechte zu berücksichtigen.

Zu Beginn lasse ich die Teilnehmer oft ein oder mehrere Bilder von ihrem Ziel- oder Soll-Zustand machen. Dafür bekommen sie fünf Minuten Zeit und können im Haus oder auf dem nahen Außengelände stimmige Motive einfangen. Diese Aufgabe kommt immer wieder sehr gut an und der Entdeckergeist kennt keine Altersgrenze. Nur ganz selten hat mal jemand kein Mobiltelefon dabei. Dann können Bilder auch skizziert oder einfach beschrieben werden. Ich habe auch schon erlebt, dass sich Teilnehmer untereinander ausgeholfen haben.

In der Vorstellungsrunde werden die Zielbilder der Gruppe präsentiert, mit einer kurzen Erklärung dazu, welche Aussage in dem Bild zu dem persönlichen Thema und Ziel steckt. Manchmal werden ganz ähnliche Bilder mit einer völlig anderen Interpretation gezeigt. Das finde ich immer besonders spannend.

Im Anschluss animiere ich die Fotografen dazu, das Motiv (vorübergehend) zum „Bildschirmschöner" zu machen, damit sie es regelmäßig als visuellen Anker vor Augen und vor der Nase haben. Durchschnittlich 76 mal am Tag entsperren wir unser Handy[1]. Warum sollten wir uns diese Chance in Entwicklungsprozessen entgehen lassen?

Der Bildschirm wird noch „schöner", wenn er uns positiv triggert und Ressourcen stimuliert. Urlaubs- und Familienbilder werden zu diesem Zweck schon oft eingesetzt. Warum also nicht mal den Status ändern oder eine Story damit verknüpfen?

Spielräume

Was mit dem Mobiltelefon geht, geht natürlich auch mit anderen digitalen Medien wie Tablet oder Laptop. Überall dort, wo wir regelmäßig unsere Aufmerksamkeit hinlenken, bieten sich Gelegenheiten für ein „Arbeitsbündnis". Eine schöne Variante: Eine wohl formulierte Audioaufnahme vom Ziel anfertigen und diese dann als Klingelton nutzen. Immer wieder „klingelt" es bei uns und wir werden an das erinnert, was uns wichtig ist. Ein ehemaliger Kollege hatte zum Beispiel folgenden Klingelton auf seinem Handy: „Herr Generaldirektor, jemand möchte Sie sprechen. Haben Sie jetzt Zeit oder werden Sie zurückrufen?" Dieser Satz sollte ihn immer wieder daran erinnern, dass er die Macht hat, seine Zeit selber einzuteilen. Ich fand den Satz für ihn sehr passend und originell. Hinzu kam: Wann immer sein Telefon klingelt, wurde der Kollege auch von anderen Leuten darauf angesprochen, was oft zu herzhaftem Gelächter führte.

---

1   Quelle: ↗ https://www.galileo.tv/life/so-oft-beruehren-wir-unser-handy-pro-tag/ (Stand April 2018)

Weitere Einsatzmöglichkeiten

Der Bildschirmschöner wird meines Erachtens noch schöner, wenn das Bildmotiv durch einen Spruch ergänzt wird. Das können zum Beispiel hilfreiche Glaubenssätze sein, die innerhalb des Prozesses erarbeitet werden. Auch Glaubenssätze machen sich als akustisches Signal sehr gut: Als Klingelzeichen bei angehenden Anrufen genauso wie als Weckersignal. Es macht schon Eindruck, wenn Sie morgens z. B. so geweckt werden: „Lachen wirkt hilfreich gegen zerknautschte Gesichter. Der erste Fuß aus dem Bett bringt dich deinem Ziel einen weiteren Schritt näher."

Natürlich können Sie auch zu weiteren Aufgabenstellungen Aufnahmen machen:
- Problembilder
- Ressourcenbilder
- Selfies in einem konkreten Kontext oder mit einem bestimmten Gesichtsausdruck
- Bildgeschichten

Technische Hinweise

Gruppengröße: Einzelklienten und Gruppen aller Größen

Material: Mobiltelefon mit Fotofunktion

Dauer: Fünf Minuten für die Motivwahl, ca. fünf Minuten für die Vorstellung im Einzelsetting; bei Gruppen entsprechend mehr, je nach Teilnehmerzahl

Vorbereitung: keine

Meine ganz eigenen Ideen zur Methode

_____
_____
_____
_____
_____

2.5 Der Rosinenpicker

Sich die besten Erfahrungen des Tages sichern

Ziel

Resümee ziehen ist gut. Ich halte das permanente Sichern und Nutzbarmachen von Seminarinhalten für hilfreicher. Die Idee zu dieser Methode kam mir bei einem Frühstück mit Freunden. Da pickte sich jemand aus dem Brombeerjoghurt sämtliche Brombeeren raus, was kurzerhand von einer anderen Frühstückerin kommentiert wurde: „Du pickst dir mal wieder nur die Rosinen raus!" Natürlich wurde ständig nachgelegt, sodass niemand etwas „ent-beeren" musste. Aber den Spruch fand ich so passend für schmackhafte Seminarinhalte, dass ich ihn sofort als Methodenanregung festhielt. Denn wie oft weiß man am Tages- oder Seminarende gar nicht mehr, was alles an hilfreichen Erfahrungen zusammengekommen ist. In Feedbackrunden wird vielleicht ein Aspekt aufgegriffen und etwas ausgeführt oder kurzerhand kommentiert: „Eigentlich haben meine Vorgänger schon alles gesagt, da kann ich mich nur anschließen." Schade, möglicherweise ist da Hilfreiches der Aufmerksamkeit entgangen oder in der Fülle des Angebots verloren gegangen. Und genau dafür habe ich diese Achtsamkeitshilfe konzipiert.

Meine Idee dahinter / Ablauf

Auf eine ähnliche Methode bin ich irgendwann mal in einem Buch gestoßen. Sie hieß dort „Der Erbsenzähler". Dabei geht es darum, dass sich Klienten eine Handvoll Erbsen in die Hosentasche stecken und im Tagesverlauf bei jeder positiven Erfahrung eine Erbse von der einen in die andere Hosentasche wandern lassen. Am Abend kann dann abgezählt werden, wie viele positive Erfahrungen es gab, auch wenn der Tag an sich gar nicht so positiv wirkte. Mir gefällt diese Bewusstseinslenkung sehr. Das ist so ähnlich wie ein kleiner Stein im Schuh, der uns immer wieder darauf aufmerksam macht, wo es drückt. Auch das Rosenkranzgebet mithilfe einer Gebetskette wirkt in eine ähnliche Richtung. Die Perlen der Kette wandern durch die Hand und unterstützen uns beim Wiederholen des „festen Glaubens".

Wann jemand etwas Hilfreiches für sich im Seminar entdeckt, ist ganz individuell. Manchmal werden bereits in der Ankommensrunde die ersten Rosinen gepickt. Daher stelle ich die Methode auch ganz am Anfang vor, noch bevor ich an die Zielklärung, die Regeln oder ans Vorstellen komme. In meinen Seminaren sind oft auch Kollegen, die genau hinschauen, wie ich den Raum inszeniere, die Teilnehmer begrüße oder den „Vorhof" zum Tagungsraum gestalte. Das sind alles kleine Details, die besonders ins Auge fallen und vielleicht auch erste Rosinen. Damit das Rosinenpicken im Fokus bleibt, stelle ich eine kleine Schale mit Rosinen auf einen Arbeitstisch in der Nähe der Tür. Spätestens beim Verlassen oder Betreten des Raums werden die Teilnehmer ans Rosinenpicken erinnert. Zusätzlich unterstütze ich die Schale durch ein Plakat an der Wand oder einen Aufsteller daneben mit der Aufschrift: „Ans Rosinenpicken denken!" Damit sich wirklich allen erschließt, was es damit auf sich hat, beginne ich meine Seminare zum Beispiel so: „Vielleicht haben Sie sich schon gefragt, was es mit dem Rosinenpicken auf sich hat. Im Laufe unserer Veranstaltung wird jeder von Ihnen seinen ganz eigenen Blick auf die Inhalte werfen und persönliche Schwerpunkte setzen. Damit Sie einen höchstmöglichen Nutzen aus dem Geschehen ziehen können, lade ich Sie dazu ein, bei jedem ‚Aha-Effekt' oder einer für Sie wichtigen Idee eine Rosine zu picken und diese zu sammeln. Wer seinen Appetit auf Rosinen stillen möchte, der kann sich natürlich gerne an der Tüte bedienen. Zu den Pausen und am Ende des Tages werden wir dann schauen, welche Rosinen für Sie besonders süß waren und welchen konkreten Nutzen Sie daraus ziehen können."

Für mich ist es total schön zu erleben, welche unterschiedlichen Schlüsse die Leute aus dem Angebot ziehen und was so alles nutzbar gemacht wird. Ein zusätzlicher Effekt entsteht, wenn wir uns über die einzelnen Rosinen austauschen und dadurch nochmal Multiplikatoren entstehen. Es ist extrem hilfreich, wenn sich die Teilnehmer selbst verdeutlichen, was sie weiterbringt, anstatt ihnen „Rezepte" an die Hand zu geben, die nicht zu ihnen passen.

Spielräume

Nicht jeder ist ein Rosinentyp. Ich schon, und meine Favoriten sind schokolierte Rosinen. Ich könnte so lange davon essen, bis mir schlecht wird. Als Seminarleiter ist das aber keine gute Voraussetzung, daher reserviere ich für mich lieber Halsbonbons. Doch die Rosinen sollen ja nicht gegessen, sondern gesammelt werden. Deshalb kann grundsätzlich jeder zum Rosinenpicker werden.

Wem die getrockneten Früchte aber partout nicht gefallen, für den gibt es eine Reihe guter Alternativen: Gummibärchen, Smarties, goldene Nuggets (kleine Steine golden anmalen), Edelsteine aus der Wühlkiste, Perlen usw. Statt einer Schale mit Rosinen kann man also auch eine kleine Holzschatzkiste aufstellen und darin Perlen oder „Goldstücke" anbieten mit dem Hinweis „Meine Perlen des Tages" oder „Meine Goldstücke". Und auch die Idee mit dem Erbsenzählen finde ich zu gut, um sie nur im Einzelsetting einzusetzen. Jeder Teilnehmer kann sich am Anfang des Seminars eine Handvoll Erbsen in die Tasche stecken und eine bei jedem persönlichen Gewinn von der einen in die andere Tasche wandern lassen.

Weitere Einsatzmöglichkeiten

Das Rosinenpicken ist auch eine tolle Möglichkeit, um Ressourcen sichtbar zu machen. Innerhalb der Kennenlernphase lasse ich gelegentlich Zweierteams ein kurzes Kennenlerninterview führen: Der eine erzählt von sich, der andere hört zu und stellt vertiefende Fragen. Sobald der Zuhörer bei seinem Gegenüber eine besondere Kompetenz oder eine Ressource entdeckt, legt er dafür eine Rosine in eine kleine Schale, die der Erzähler in den Händen hält. Es macht den Teilnehmern unglaublich viel Spaß, die Rosinen wandern zu lassen. Und es ist beeindruckend, was so alles als Ressource dingfest gemacht werden kann. Den Erzähler bringt das manchmal etwas aus der Fassung, und genau das ist auch Absicht der Übung. Wir sind uns oft gar nicht bewusst, was wir bereits an guten Voraussetzungen mitbringen. Und Wachstum kann nur „außerhalb der Fassung" stattfinden. Daher ist das Rosinenpicken hier ein guter Musterunterbrecher.

Technische Hinweise

Gruppengröße: fünf Teilnehmer und mehr

Material: Rosinen, Schale

Dauer: Das „Picken" erfolgt permanent, das Vorstellen der einzelnen Rosinen ca. 10–15 Minuten

Vorbereitung: vorbereitetes Plakat

Meine ganz eigenen Ideen zur Methode

_____

_____

_____

_____

_____

_____

_____

2.6 Deine Spuren im Sand

Eindrücke sammeln und schauen, was Spuren hinterlassen hat

Ziel

Nach dem Seminar, bzw. nach dem Einzelcoaching, geht die Arbeit erst los. Wenn der Klient die „Laborsituation" des Arbeitsraums verlässt, erwartet ihn die Wirklichkeit da draußen. Dort erst zeigt sich, wie alltagstauglich die neuen Erfahrungen sind. Die Wahrscheinlichkeit, dass Entwicklung stattfindet und Veränderung gelingt, steigt mit der emotionalen Beteiligung des Klienten.

Diese Methode soll dabei unterstützen, dass über die unmittelbare Begegnung hinaus Spuren zurückbleiben. Das können Spuren sein, die im wahrsten Sinne des Wortes „Eindruck" hinterlassen haben: Mut, Entschlossenheit, Geradlinigkeit, Abgrenzungsfähigkeit, Eigenverantwortung oder was auch immer. Die Teilnehmer können sich an allen Eindrücken bedienen, die ihnen andere Teilnehmer, der Seminarleiter oder sie selbst („Ich bin von mir selbst beeindruckt!") geliefert haben. Diese Spuren können auch richtungsweisend sein. Sie unterstützen dabei, einen noch unbekannten Weg zu gehen, und machen Mut, sich wirklich aufzumachen. Immerhin weiß man jetzt: Es gibt da jemanden, der ebenfalls diesen Weg gegangen ist.

Meine Idee dahinter / Ablauf

Aufhänger für diese Methode waren zwei Sprüche: „Man kann keine Spuren hinterlassen, wenn man in die Fußstapfen eines anderen tritt" und: „Manche Menschen hinterlassen Spuren in deinem Leben, wenige hinterlassen Eindrücke." Wie hilfreich und „wahr" ein solcher Spruch ist, überlasse ich gerne den Teilnehmern. Ob etwas „nur Spuren" hinterlassen hat oder beeindruckend war, soll jeder für sich selbst entscheiden. Auf jeden Fall sind solche Sinnsprüche immer auch Glaubenssätze, und für viele Menschen haben sie eine hohe Bedeutung. Gerade Spuren als Metapher betonen Weg, Orientierung und Richtung.

Weil nicht immer ein Sandkasten oder gar Strand in der Nähe ist, helfe ich mir in diesen Fällen mit einem Stück goldenem Stoff. Darauf lege ich ein paar Muscheln. Außerdem habe ich mir vor Jahren eine Kollektion an Latex-Fußabdrücken besorgt. Diese können Sie aber auch leicht aus Pappe selbst anfertigen: Den Fuß auf die Pappe stellen, mit Bleistift die Umrisse nachzeichnen und ausschneiden. Auf dem goldenen Stoff sorgen die Abdrücke und die Muscheln schnell für eine Strandatmosphäre.

Zum Abschluss eines Seminars unterlege ich die Inszenierung noch mit Wellenrauschen und leiser Musik. Dadurch kommt eine ganz besonders besinnliche Stimmung auf.

Besonders sichtbar und begreifbar wird die Methode, wenn die Spuren und bleibenden Eindrücke auf Karten in Fußabdruckform aufgeschrieben werden. Jeder der Teilnehmer kann dann seine Spuren in den Sand legen. So entsteht mit der Zeit eine ganze Spurensammlung, die von den Anwesenden gerne als Fotomotiv festgehalten wird. Nach Ende der Veranstaltung nimmt sich jeder seine Spur mit und kann diese weiterverfolgen.

Wie bei der Methode „Fischen in fremden Teichen" (2.3, Seite 38) können Sie auch hier die natürlichen Möglichkeiten vor Ort nutzen. Bei einem Seminar an der Ostsee habe ich die ganze Szene an den Strand verlegt. Das ist natürlich Premiumqualität. Es reicht aber auch der Sandkasten eines Spielplatzes, wenn dort nicht gerade Kinder buddeln. Bei echtem Sand gilt: Wenn Sie dort auf die Fußabdruck-Notizzettel verzichten, sollte auf jeden Fall ein Fotoprotokoll angefertigt werden. Ich lasse diese Aufgabe bei den Teilnehmern, weil sie dann ihre eigene Perspektive einbringen können.

Spielräume

Eine schöne Variante ist, „Tatort-Spuren", die im Verlauf des Seminars zurückgeblieben sind, ausfindig zu machen. Ich nenne diese Übung dann „Spurensicherung" o. Ä. Die Teilnehmer werden aufgefordert, die Veranstaltung nochmal an sich vorbeiziehen zu lassen: Was war für sie besonders beeindruckend? Dann soll sich jeder einen dazu passenden Gegenstand aussuchen, der für ihn diese wichtige Erkenntnis symbolisiert. Wenn es viele Erfahrungen zu teilen gibt, dürfen es natürlich auch mehrere Gegenstände sein. Am Ende kann so ein ganzes Spurenlager entstehen. Manchmal gibt es zu den Gegenständen kleine Geschichten, die sich im Prozess ereignet haben, aber es reichen u.U. auch zwei oder drei erklärende Sätze. Wichtig ist mir die starke Ressourcenorientierung, damit das persönliche Resümee auf jeden Fall positiv in die Gruppe strahlt. Fußabdrücke, die als Tritte in den Hintern wahrgenommen wurden, bitte ich – falls unbedingt nötig – im Anschluss im persönlichen Gespräch zu klären.

Weitere Einsatzmöglichkeiten

Auch diese Methode bietet sich als Feedbackmöglichkeit an: Wer hat bei mir besonderen Eindruck hinterlassen? In Teamentwicklungsprozessen ist es ganz spannend zu beobachten, wer welche und wie viele Rückmeldungen bekommt – und wer ganz ohne bleibenden Eindruck ausgeht. Die Feedback-Kärtchen in Fußform können dem Feedbacknehmer übergeben werden und so einen zusätzlichen Eindruck hinterlassen. Manchmal sind Teilnehmer überrascht, dass sie andere beeindruckt haben. Dieser Wirkung sind sie sich überhaupt nicht bewusst: „Wirklich? Ich habe doch gar nicht so viel gesagt!" – „Eben, du bist ein guter Beobachter und wirkst sehr besonnen, das hat mich beeindruckt" war so ein Austausch zwischen zwei Teilnehmern.

Wenn wir den Titel in die Ich-Form bringen – „Meine Spuren im Sand" – eignet sich die Methode gut, um unseren persönlichen Beitrag auf dieser Welt zu klären: „Welche Spuren möchte ich hinterlassen?" Ich kenne diese Übung unter Namen wie: „Mein Testament", „Mein Nachruf" oder „Meine Memoiren". Den eigenen „Nachlass" zu klären ist keine ganz leichte Aufgabe und sie erfordert im Einzelcoaching wie in Seminaren ausreichend Zeit. Sie verlangt, sich mit der eigenen Endlichkeit auseinanderzusetzen und die Frage zu beantworten, ob es einen „höheren Auftrag" für unser Dasein gibt. Manche Teilnehmer tun sich damit recht schwer und ich lasse daher auch die Vorstellung der Ergebnisse völlig offen.

Technische Hinweise

Gruppengröße:	fünf Teilnehmer und mehr
Material:	goldener Stoff, Muscheln, Fußabdrücke
Dauer:	ca. 15–20 Minuten
Vorbereitung:	Inszenierung des Strandes, Herstellen der Papier-Fußabdrücke

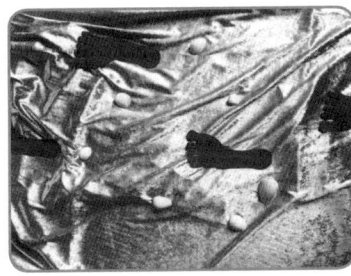

Meine ganz eigenen Ideen zur Methode

_____
_____
_____
_____
_____
_____

2.7 Schrottwichteln

Perspektivwechsel: In jedem Problem steckt auch eine Lösung

Ziel

Probleme sind Bedeutungszuschreibungen, keine Fakten. Wir erleben etwas als Problem. Dieses „Etwas" kann alles sein: zu wenig Geld oder zu viel (die Steuer!), zu früh, zu spät, zu alt, zu jung, zu krank, zu gesund (kein Rabatt!). Grundsätzlich kann alles zum Problem werden, wenn wir eine Ist-Soll-Differenz daran festmachen. Das bedeutet im Umkehrschluss aber auch, dass nicht jeder das gleiche Problem hat. Diese Problemkonstruktionen können wir nutzbar machen, indem durch Umdeutungen und neue Kontexte Probleme auch wieder de-konstruiert werden. Die Teilnehmer kommen so aus der Problemfokussierung in die Lösungsorientierung.

Meine Idee dahinter / Ablauf

Der Titel verrät schon etwas über den Ursprung dieser Methode. In unserem Freundeskreis ist es inzwischen gute Tradition, Nutz- oder Geschmackloses in der Adventszeit auf bequeme Art zu entsorgen. Und für diejenigen, die den Begriff Schrottwichteln nicht kennen: Zu unserer freundschaftlichen Weihnachtsfeier verabreden wir, dass jeder ein kleines Geschenk im Wert von etwa fünf Euro mitbringt. Das kann ein Gegenstand sein, der extra zur Feier angeschafft wird, oder ein Staubfänger aus der Wohnung. Es kommt darauf an, dass dieses möglichst hässlich, nutzlos oder überflüssig ist. Es sollte etwas sein, das wir gerne loswerden wollen. Schön weihnachtlich verpackt kommen die Geschenke auf einen Gabentisch und werden mit durchgehenden Nummern versehen. Aus einer Glücksbox, die Zettel mit den Geschenkenummern enthält, zieht jeder der Anwesenden dann ein Los. Erwischt er zufällig sein eigenes Geschenk, wirft er die Nummer zurück und zieht ein anderes Los. Die Spannung erreicht ihren Höhepunkt, wenn die Geschenke nacheinander geöffnet werden. Es gibt Applaus und Lachtränen – die Begeisterung über so viele Geschmacklosigkeiten kennt kaum Grenzen. Und auch die Beschenkten sind überglücklich über ihre Gaben, die manchmal bereits als Präsente für künftige Schrottwichtelrunden gesetzt sind.

Die Idee des Schrottwichtelns habe ich für meine Seminare angepasst. Was wollen wir gerne loswerden? Womit käme jemand anders möglicherweise besser klar? Probleme, blockierende Glaubenssätze oder hinderliches Verhalten sind gern gewählte Geschenke. Für das, was sie loswerden möchten, sollen alle Seminarteilnehmer jeweils einen Gegenstand suchen. Für viele beginnt mit dieser Aufgabe schon der Spaß, weil es einfach sehr befreiend sein kann, ein „Problem" mal in einen Gegenstand zu packen. Um welches Problem es sich handelt, bleibt Geheimnis des Teilnehmers. Der Hässlichkeit sind keine Grenzen gesetzt. Ich lasse die Symbole nicht einpacken, sondern einfach auf einem – vielleicht mit einer weihnachtlichen Tischdecke geschmückten – Gabentisch ablegen. Wie beim klassischen Weihnachtswichteln bekommen alle Gegenstände eine Nummer und die gleiche Nummernreihe kommt als Los in eine rote Weihnachtsmütze.

Dann wird gezogen. Der Beschenkte hat nun die Aufgabe, seiner grenzenlosen Freude über das Geschenk Ausdruck zu verleihen. In einer Gruppe, in der die Teilnehmenden schon ein wenig miteinander vertraut sind, ist das extrem komisch. Von Kniefällen bis hin zu Nervenzusammenbrüchen war da schon alles dabei. Doch dann wird es spannend: Der Überglückliche muss erklären, warum das Geschenk für ihn so schön, bedeutungsvoll, nützlich oder hilfreich ist. Er kann die Verwendung des Geschenks auch in einen völlig neuen Kontext stellen oder die Handhabung der Gruppe präsentieren. Der Improvisationsfähigkeit des Beschenkten sind keine Grenzen gesetzt. Wichtig ist, dass neben dem neuen Bedeutungsrahmen vor allem viel positive emotionale Ladung transportiert wird.

Spielräume

Leicht lässt sich das Motto abwandeln, zum Beispiel in „Thanksgiving" oder „Eier ins Nest legen". So bringen Sie nicht nur Abwechslung in die Inszenierungen, sondern können auch die jahreszeitliche Atmosphäre nutzen. Der Wirkung ist das absolut zuträglich. Beim Schrottwichteln in unserem Freundeskreis sucht jeder schon vor der Weihnachtsfeier ein Geschenk aus. Das geht selbstverständlich auch im Seminar. Bereits mit der Einladung können Sie die Teilnehmer bitten, für ihr „Problem", das Thema oder die Sorge einen Gegenstand auszuwählen. Damit beginnt das Seminar schon vor der ersten Begegnung, weshalb ich solche Aufgabenstellungen sehr gerne formuliere: Vor Seminarbeginn startet bereits die inhaltliche Auseinandersetzung. Außerdem ist jeder einzelne Teilnehmer direkt in der inhaltlichen Verantwortung.

Sie können die Art der auszuwählenden Gegenstände auch einschränken. Ganz besonders eignen sich dafür zum Beispiel Bilder. In jedem Bild kann eine Aussage über das „Problem" und auch zu dessen Lösung stecken. Die Bilder können dafür in eine Art Ausstellung oder Vernissage gebracht werden. Wer seine Nummer gezogen hat, muss den anderen Beteiligten als Kunstexperte die besondere Wertigkeit des Gemäldes erklären. Ganz nach dem Motto: „Ist das Kunst oder kann das weg?"

Weitere Einsatzmöglichkeiten

Die Methode ist eine wunderbare Möglichkeit, am Thema Spontaneität und Improvisationsfähigkeit zu arbeiten. So greift sich zum Beispiel ein Teilnehmer einen Gegenstand vom Tisch und erklärt den anderen Anwesenden, wofür man ihn, außer für seinen ursprünglichen Zweck, noch verwenden kann. Auch hier sind den kuriosesten Ideen keine Grenzen gesetzt. Nachdem er seine freie Interpretation vorgestellt hat, legt er den Gegenstand wieder zurück. Dann springt ein anderer Teilnehmer auf und holt sich diesen oder einen ganz anderen Gegenstand vom Tisch. Im Lauf der Zeit kommen so beeindruckend viele Verwendungs- und Bedeutungsformen zusammen. Die Übung kommt immer sehr gut an, und deshalb beende ich sie auch dann, wenn es am schönsten ist. Würde sie zu lange fortgesetzt, ginge irgendwann der Spaßeffekt verloren.

Eine Variante ist, dass die Schrottwichtelgeschenke im Rahmen einer Werbeverkaufsshow den Gästen lautstark angepriesen werden. Vielleicht machen Sie kurzerhand eine Shopping-Party daraus? Kennen Sie die amerikanischen Verkaufskanäle im Fernsehen, wo Waren extrem theatralisch und mit auffallender Überbetonung dargeboten werden? In diesem Rahmen können Überzeugungskraft, Körpersprache und der souveräne Umgang mit Einwänden hervorragend trainiert werden.

Technische Hinweise

Gruppengröße: acht Teilnehmer und mehr

Material: Gegenstände vor Ort auswählen oder von zu Hause mitbringen

Dauer: ca. 15–20 Minuten

Vorbereitung: Gabentisch mit Tischdecke vorbereiten

Meine ganz eigenen Ideen zur Methode

_____

_____

_____

_____

2.8 Der geplatzte Glaubenssatz-Traum

Abschiedsritual von Dingen, die wir gerne hinter uns lassen möchten

Ziel

Dinge im Gedächtnis zu behalten ist viel leichter, als sie zu vergessen. Was sich einmal als Überzeugung in unseren Köpfen breit gemacht hat, nistet sich gerne dauerhaft dort ein. Zu einem bestimmten Zeitpunkt mag eine Überzeugung hilfreich gewesen sein. In vielen Fällen ist es aber sinnvoll, die Gültigkeit und „Schwere" solchen „Gepäcks" auf den Prüfstand zu stellen. Glaubenssätze, die zum Ballast geworden sind, sollte man nach Möglichkeit irgendwie loswerden. Und das funktioniert mit dieser Methode – bunt und lautstark. Mit einem platzenden Luftballon wird dieser Abschied gar zum Knaller. Die Gruppe wird zudem Zeuge dieses freudigen Verlusts.

Meine Idee dahinter / Ablauf

Ich messe Abschiedsritualen eine große Bedeutung zu. Meine Gedanken und / oder Gefühle in etwas hineinlegen zu können, um sie aus mir heraus zu bekommen, erlebe ich als enorm hilfreich. Dieses Hineinlegen kann auf sehr unterschiedliche Art erfolgen: zu Papier bringen, in einem Objekt verkörpern, als Bild malen, in eine Tonaufnahme verpacken oder als Beschriftung auf einem Luftballon. Letzterer hat die hilfreiche Eigenschaft, dass wir ihn wie eine Luftblase zerplatzen lassen können. Damit ist sein Leben beendet. Wir nehmen ihm jede weitere Existenzberechtigung. Manchmal geht auf diese Weise ein Alptraum zu Ende.

Einige Seminarteilnehmer wissen selbst, welche hinderlichen Überzeugungen sie noch mit sich herumschleppen. Andere brauchen aber Unterstützung durch die Gruppe. In einer vorgeschalteten Übung lasse ich dann zuerst die Glaubenssätze herausarbeiten. Die Teilnehmer lauschen den Problemgeschichten, in denen manchmal eine sehr wirksame Überzeugung dominiert, manchmal sind es aber auch mehrere. Reihum arbeitet jeder der Anwesenden seine hinderlichen Glaubenssätze heraus und notiert jeden einzeln auf einen aufgeblasenen Luftballon. Diesen hängt er mit einer Wäscheklammer an eine Wäscheleine. Mit der Zeit entsteht eine bunte Girlande mit jeder Menge „denkbarer" Problemaussagen.

Die Atmosphäre erinnert ein wenig an eine Abschiedsparty, was durch ein Gläschen alkoholfreien Sekt noch verstärkt werden kann. Ich halte eine Nadel bereit und lade die Teilnehmer ein, der Reihe nach und ein letztes Mal den alten hinderlichen

Glaubenssatz auszusprechen und dann eine Abschiedsformel dranzuhängen: „Auf Nimmerwiedersehen!" „Mach dich vom Acker!" oder „Scher dich zum Teufel!" Schließlich wird der Luftballon unter Applaus und großem Zuspruch der anwesenden Gäste zum Platzen gebracht: Aus der Glaubenssatz-Traum! Auch bei dieser Methode lasse ich gerne Bilder von der Ballon-Leine machen und das Platzenlassen filmen. Die Eindrücke können so noch besser nachwirken.

Spielräume

Am Umfang des Ballons, also daran, wie prall er aufgeblasen wurde, lässt sich sehr schön die Bedeutung eines Gedankens differenzieren. Ballons für sehr wirksame Glaubenssätze werden besonders weit aufgeblasen, andere bleiben eher klein. Auch nach Farben lassen sich Unterschiede darstellen: Rote Ballons können zum Beispiel sehr destruktive Überzeugungen sein. Gelbe Ballons stehen für Glaubenssätze, die modifiziert werden. Grüne Ballons verkörpern hilfreiche Überzeugungen. Wenn ich mit Teams arbeite, kann auch ein Riesenballon von allen gemeinsam beschriftet werden. Das sieht manchmal aus wie ein großer Heißluftballon. Besonders viel Spaß macht es den Teilnehmern, wenn dieser beschriebene Ballon noch eine Weile im Raum schwebt und ihn jeder mal wieder anstößt: Nur kurze Kontakte, und wer mag, kann noch einen ausdrucksstarken Kommentar bei der Berührung hinzufügen. Das sieht ein bisschen aus wie beim Volleyball.

Es gibt auch längliche Luftballons. Für längere Sätze eignen sich diese manchmal noch besser, um einen ganzen Satz festzuhalten. Der Text ist dann deutlicher lesbar. Ansonsten ist die Wirkung gleich.

Eine besonders wirksame Variante ist die Arbeit mit Gasluftballons. Heliumspraydosen inklusive Abfüllventil gibt es für ein paar Euro bei Fest- und Partyartikelhändlern oder im Internet. Wenn die Teilnehmer ihre alten Glaubenssätze gen Himmel schicken, dauert der Ablöse-Effekt noch etwas länger. Da ich ein großer Freund von Outdoor-Aktivitäten bin, ist das eine gute Gelegenheit, um den Seminarraum zu verlassen.

Weitere Einsatzmöglichkeiten

Die Wirkung platzender Luftballons kann für ganz unterschiedliche Anlässe genutzt werden. Wenn man z. B. ein Gesicht auf den Ballon malt, kann man sich symbolisch von einer Person verabschieden oder distanzieren.

Die Methode kann auch genutzt werden, um von einer größeren Anzahl an Wahlmöglichkeiten sukzessive zu den besonders relevanten Aspekten zu kommen. Dafür schreibt man zuerst alle Optionen auf verschiedene Ballons, die an einer Leine befestigt werden. Dann werden die Vor- und Nachteile herausgearbeitet. Je nach Gewichtung bleibt ein Ballon hängen oder er wird zerstochen. Die Wirkung ist deutlich größer als bei Metaplankarten. Zur Seite gelegte Karten sind schnell nochmal hervorgekramt. Aber zerplatzt ist zerplatzt – die Konsequenz des „Dagegen-Entscheidens" wird beim Ballon besonders klar.

Wer keine Angst hat, einen Ballon bereits beim Aufblasen zum Platzen zu bringen, kann das für sich nutzen: Ein bereits mit dem Text beschriebener Luftballon wird aufgeblasen und dann darf wieder die Luft entweichen. In manche Themen, Überzeugungen oder Glaubenssätze investiert man ja ziemlich viel Luft. Der Klient kann bei jeder unangenehmen Erinnerung, die im Zusammenhang mit der alten Überzeugung steht, den Ballon um einen weiteren Atemzug aufblasen. Das geht so lange, bis er platzt. Besser der Ballon als der Klient.

Technische Hinweise

Gruppengröße: acht Teilnehmer und mehr

Material: Luftballons in verschiedenen Farben, Leine, Klammern, schwarzer Filzstift, Nadeln

Dauer: ca. 15–20 Minuten

Vorbereitung: Leine spannen

Meine ganz eigenen Ideen zur Methode

_____

_____

_____

_____

_____

_____

2.9 Erfahrungsräume schaffen

Durch Bewegung und eine neue Umgebung kreative Impulse setzen

Ziel

Perspektivwechsel unterstütze ich gerne durch räumliche Veränderung und Bewegung. Wenn ein Klient im Prozess „auf dem Schlauch steht" oder sich nichts mehr bewegt, bringe ich körperliche Bewegung ins Spiel. Im NLP wird dieser körperliche Einsatz oft als Separator eingesetzt, um festgefahrene Denkschleifen oder Gefühlszustände zu unterbrechen. Erfahrungsräume geben dem neuen Erleben ganz konkret einen begehbaren Raum. Sie setzen anschauliche Vorzeichen und schaffen damit besondere Arbeitsatmosphären, die sich spürbar vom zentralen Seminarraum unterscheiden. Die Teilnehmer erfahren so, auf welch unterschiedliche Weisen Themen angegangen werden können. Außerdem erreiche ich damit ganz unterschiedliche sensorische Zugänge. Dadurch steigt die Wahrscheinlichkeit, dass ich die Präferenzen der Teilnehmer besser ausbalanciere.

Meine Idee dahinter / Ablauf

Die Idee des Raummodells habe ich im Buch „Lösungsorientierte Supervisions-Tools" von Heidi Neumann-Wirsig entdeckt. Allerdings habe ich dieses Modell auf die Arbeit im Seminar angepasst und den „Raum" wörtlich genommen. Ich bin ein großer Freund der Erlebnispädagogik. Wenn ich in einem Museum bin und selbst Hand anlegen kann, entwickele ich Forschergeist. Diese besondere Atmosphäre des Ausprobierens und Umherlaufens möchte ich in meinen Seminaren nutzbar machen. Meine große Lust an Bewegung spielt da natürlich auch mit rein. Stundenlang zu sitzen und in den Stuhlkreis zu schauen finde ich anstrengend. Erfahrungsräume sind daher immer ein gutes Stück Mobilisierung.

In einer Fortbildung für Coaches, Therapeuten und Berater habe ich das Neun-Felder-Modell© von Joseph Rieforth vorgestellt. Es ist ein systemisches Instrument zur Auftragsklärung, Diagnostik, Prozesssteuerung und Evaluation, also ein sehr universelles Handwerkszeug. Würde ich das Seminar ausschließlich auf die Einsatz- und Funktionsfähigkeit des Modells reduzieren, fände ich das Thema gähnend langweilig. Ich würde wahrscheinlich nur die „Kopfleute" erreichen und riskieren, dass mir die anderen Teilnehmer irgendwann verloren gehen. In einer Arbeitseinheit zu diesem Modell habe ich drei konkrete Erfahrungsräume geschaffen: den Gefühlsraum, den Dialograum und den Verhaltensraum.

Im **Gefühlsraum** bekommen die Teilnehmer konkrete Anleitungen für eine Körperreise. Die Instruktionen habe ich gut lesbar visualisiert. Dazu zählen zum Beispiel Atemübungen, eine Gehmeditation und eine kurze Imaginationsübung via Kopfhörer. Den Raum richte ich mit ein paar Handgriffen her: bequemer Stuhl oder Decke für die Trancereise, etwas abgedunkelt, ruhig gelegen.

Im **Dialograum** begegnen sich zwei oder drei Teilnehmer in einem gemütlichen Sitz-Arrangement. Das können besonders bequeme Stühle sein, eine Couch oder auch mal ein Stehtisch. Dazu gehören Getränke und ein paar Knabbereien oder Obst. Der Raum ist hell und sollte eine Möglichkeit bieten, Gedanken festzuhalten, zum Beispiel am Flipchart.

Im **Verhaltensraum** finden die Teilnehmer Gegenstände, die einen direkten Bezug zum Seminarthema haben. Mit diesen Objekten verbinde ich konkrete Aufgabenstellungen, die zu beantworten, zu lösen oder auszuprobieren sind. Das kann zum Beispiel eine Transfer-Aufgabe sein, bei der zwei oder mehr Teilnehmer direkt einen konkreten Aspekt des Neun-Felder-Modells ausprobieren. Hier heißt es ganz einfach: Tun!

Gemeinsam ist allen Erfahrungsräumen, dass die „Besucher" konkrete Anleitungen erhalten, was sie in diesem Raum erwartet. Die Räume sollen möglichst selbsterklärend sein, sodass ich als Seminarleiter nicht ständig Erklärungen liefern muss. Im Anschluss sind alle Teilnehmer dazu eingeladen, ihre Erfahrungen im Plenum vorzustellen und sie der Gruppe als weitere Erfahrungsräume anzubieten.

Bisher habe ich maximal mit vier Erfahrungsräumen gearbeitet. Es könnte sein, dass sich die Idee sonst irgendwann abnutzt. Aber vielleicht kommt es auch nur mal auf einen Versuch an. Innerhalb einer Teamentwicklung mit etwa 40 Teilnehmern hatte ich einmal sieben „Spielzimmer" eingerichtet mit jeweils unterschiedlichen Teamübungen. Damals hatte ich allerdings noch eine Coach-Kollegin an meiner Seite, was die Begleitung wesentlich einfacher machte. Probieren Sie es einfach aus, was für Sie die passende Anzahl an Räumen ist.

Spielräume

In meinem Seminar zum Thema „Impacts" habe ich die Entwicklung von Impact-Techniken durch vier Räume abgebildet. Die Teilnehmer sind eingeladen, die zuvor erarbeiteten Inhalte nun praktisch auszuprobieren, indem sie sich in einer konkreten Reihenfolge von Raum zu Raum durcharbeiten. Der Durchgang durch die Erfahrungsräume ist für viele eine Hilfe, die Inhalte dauerhaft zu verankern: Sie haben es nicht nur verstanden, sondern auch durchlaufen.

Beim Thema Impacts gibt es einen Problemraum, einen Lösungsraum, einen Analogieraum und einen Impact-Raum. Die Teilnehmer haben die Aufgabe, innerhalb eines festgelegten Zeitrahmens sämtliche Räume zu durchlaufen. Im Problemraum geht es darum, das Problem in der Klientengeschichte zu explorieren und zu konkretisieren. Im Lösungsraum geht es um eine erste Zielformulierung und um Lösungsideen. Im Analogieraum erwarten die Teilnehmer verschiedene Bilder, Sprichwörter und Kurzgeschichten, damit sie erste Metaphern zum Thema entwerfen können. Im Impact-Raum schließlich biete ich durch eine Vielzahl an Objekten einen kreativen Raum, um multisensorische Botschaften für den Klienten zu entwickeln. Von der kreativen Arbeit der Teilnehmer bin ich immer wieder begeistert. Ganz nach dem Motto: Wenn die Aufgabenstellung klar ist und ich die Leute einfach mal machen lasse, kommen ganz tolle Ergebnisse dabei heraus.

Weitere Einsatzmöglichkeiten

„Erfahrungsräume" können auch „Spielräume" oder „Experimentierfelder" sein. Ich habe in einem Change-Projekt die Räume mal „Wandel-Bar", „Spiel-Bar", „Wunder-Bar" usw. genannt. Da sind Ihrer Kreativität keine Grenzen gesetzt. Die Türbeschriftungen sollten einen Bezug zum Thema haben, sodass sich die Funktion des Raums schnell erschließt. Wenn Ihnen nicht mehrere Räume zur Verfügung stehen, können Sie auch die Seiten des einen Raums als Rückzugsräume deklarieren. Ist der Seminarraum dafür zu klein, beziehe ich das Foyer (z. B. für die Dialoge) mit ein oder das Außengelände (z. B. für die Gehmeditationen). Bisher habe ich immer eine Lösung gefunden, zur Not auch mit der Anleitung: „Stellt euch mal vor, das ist jetzt …"

Die Entwicklungsräume können auch anhand einer Timeline auf dem Boden durchlaufen werden. Ein Einzelklient zum Beispiel kann seine Räume entlang eines roten Seils durchschreiten. Ich lege einfach die Raumbeschriftungen wie Türschilder auf den Boden. Immer wieder wird eine neue Tür aufgestoßen, was auch sinnbildlich eine sehr starke Wirkung entfalten kann.

Eine ganz besonders spannende Variante ist die Arbeit mit Dunkelräumen. Vielleicht waren Sie schon mal in einem Dunkelrestaurant. Dort ist der Genuss der Speisen besonders intensiv, weil wir das „Essen mit den Augen" ganz bewusst ausschließen. So verhält es sich zum Beispiel auch mit der Kommunikation. Dunkeln Sie einmal einen Raum ab und lassen Sie nur die Stimmen auf die Teilnehmer wirken. (Achtung: An Stolperstellen und Dunkelphobiker denken!) Wenn Sie eine sehr vertraute Gruppe haben, können Sie sogar im Dunkeln noch mit Körperberührungen arbeiten und zum Beispiel thematisieren, wie dieses „Sich-Einlassen" auszuhalten ist.

Gerade in der Arbeit mit Einzelklienten ist bei dieser Übung wichtig, dass Sie neben dem Raum auch genügend Zeit geben, damit sich die Wirkung der Stationen voll entfalten kann. Lassen Sie daher den Klienten ruhig mal „ankommen", bevor er direkt mit großen Schritten von Stube zu Stube hetzt. Erfahrungsräume sind auch Entwicklungsräume. Ihnen Zeit zu schenken, ist eine gute Investition.

Technische Hinweise

Gruppengröße: zehn Teilnehmer und mehr

Material: Türschilder, Dekoration, Requisiten (je nach Raumnutzung)

Dauer: ca. 20–30 Minuten (je nach Anzahl der Räume)

Vorbereitung: Türschilder beschriften, Räume herrichten, Arbeitsanleitungen visualisieren

Meine ganz eigenen Ideen zur Methode

_____
_____
_____
_____
_____
_____
_____
_____
_____
_____
_____
_____
_____
_____

2.10 Parts Party

Den Zwischentönen eine äußere Stimme geben

Ziel

„Wer bin ich, und wenn ja, wie viele?" Mit diesem Buchtitel hat Richard David Precht viele Leser für die Philosophie interessiert. Und in der Tat schlummern in uns viele Teilpersönlichkeiten, die alle ihre Berechtigung haben. Nur ist das manchmal so, dass einige davon besonders bühnenaffin sind und sich gerne zur Schau stellen. Andere hingegen werden wenig wahrgenommen und erhalten kaum eine Stimme. Mit dieser Methode sollen genau diese wichtigen, aber im Hintergrund wirksamen Zwischentöne eine außen vernehmbare Stimme bekommen. Was an die Oberfläche geholt wird, kann auch für den Prozess nutzbar gemacht werden. Es geht also um das Bewusstmachen der inneren Einflusskräfte, darum, sie in einen Dialog zu bringen, um dadurch wieder handlungsmächtig zu werden.

Meine Idee dahinter / Ablauf

Zugegeben, ganz so neu ist die Idee mit den inneren Anteilen nicht. In ganz unterschiedlichen Formen begegnen sie uns seit Jahren: Bei Freud als innere Instanzen, bei Friedemann Schulz von Thun als „Inneres Team" und bei Virginia Satir als „Parts Party". Damit ist der Ursprung meiner Namensgebung also auch geklärt. Im Einzelcoaching ist die Arbeit mit den Persönlichkeitsanteilen weit verbreitet. Im Psychodrama werden zum Beispiel Stühle als Hilfsmittel genommen, um die unterschiedlichen Anteile darzustellen. Auch in der Supervision werden Teilpersönlichkeiten in Form von Repräsentanten in Aufstellungen auf die Bühne gebracht. Im Seminar ist mir die Arbeit damit jedoch nie begegnet. Dabei gibt es viele Seminarthemen, die für die Arbeit mit den inneren Stimmen ideal sind. Dazu gehören die Themen Konflikte, Grenzen setzen, alte Muster auflösen oder Selbstwert. Wobei Selbstwert für mich ein Oberbegriff ist, der in allen Seminaren eine Rolle spielt, selbst in technischen Schulungen.

Wenn ich dem ganzen „inneren Lärm" mittels der Seminarteilnehmer eine Ausdrucksform gebe, wird oft dem Protagonisten erstmals deutlich, was so alles in ihm aktiv ist. Dazu bekommt ein Teilnehmer zuerst die Aufgabe, sein Thema (eine Aufgabe, eine Entscheidung, ein Problem ...) der Gruppe vorzustellen. Ich begleite ihn dabei, indem ich vertiefende Fragen stelle. Als Systemiker grase ich gerne den ganzen Kontext ab. Die Gruppe hat die Aufgabe, unterschiedliche Stimmen zu erspüren und diese zu notieren. Dazu können gehören: der Draufgänger, der Kumpel, die Mutter, die Freundin, der Angsthase, die Mutige, die Sensible, der Lehrer etc. Es können also sowohl öffentliche als auch psychologische Rollen sein.

Nachdem der Fallgeber seine Geschichte beendet hat, treffen sich die „Gäste" zum „Vorglühen": Wer hat welche Rollen identifiziert? Und wer wird welche Rolle auf der Party übernehmen? Wenn diese beiden Fragen geklärt sind, ist die Party eröffnet. Dazu habe ich ein paar (Steh-)Tische organisiert, die mit Getränken und ein bisschen Knabberzeug arrangiert sind. Jeder der Gäste spricht nun über die Fallgeschichte aus seiner Rolle heraus. Dabei können ganz unterschiedliche, teilweise sich widersprechende Aspekte deutlich werden. Ich animiere die Teilnehmer dazu, die Rollen stark zu betonen. Damit kommt die Aussage umso eindrücklicher an. Der Protagonist hat die Aufgabe, wie ein guter Gastgeber, von Tisch zu Tisch zu wandern. Er schenkt allen Gästen sein Ohr und klinkt sich in die Unterhaltungen ein. Wenn er genug Eindrücke gesammelt hat, beendet er die Party und verabschiedet seine Gäste. Dazu gibt er jedem der Anwesenden die Hand und sagt zum Beispiel: „Schön, dass du da warst. Du hast meine Party sehr bereichert." Wenn die Gruppe nicht allzu groß ist, kann der Protagonist seine Gäste sogar mit Namen ansprechen, wenn er diese herausgehört hat. „Schön, dass du da warst, Angsthase …" Damit werden die Gäste aus ihrer Rolle entlassen („entrollt") und übernehmen wieder ihre eigene Sichtweise.

Spielräume

Die ausgelassene Partystimmung kommt bei allen Teilnehmern gut an. Vor allem bringt sie wieder Bewegung in die Gruppe, was ich immer sehr fördere. Es gibt aber auch eine ganze Menge an Alternativen, die ebenfalls gute Wirkung entfalten. So habe ich zum Beispiel schon mal eine „Wortdusche" auf den Protagonisten regnen lassen. Dazu setzt er sich auf einen Stuhl, alle anderen Teilnehmer stehen um ihn herum. Er wird nun mit prägnanten Aussagen aus den unterschiedlichen Rollen „begossen". Duscht er lieber im Stehen, stellen sich alle anderen Teilnehmer auf Stühle, damit der Eindruck „von oben herab" entsteht. Hat er ausreichend geduscht, sagt er: „Ich drehe den Wasserhahn zu." Damit ist die Dusche beendet. Um für sich einen klaren Schlusspunkt für diese Übung zu setzen, kann er sich danach noch körperlich ausschütteln, wie ein begossener Pudel. Vielleicht finden Sie auch einen „Warmduscher" spannend, der nur positive Rückmeldungen hören möchte?

Eine weitere Möglichkeit ist die „hohle Gasse". Der Fallgeber bewegt sich dabei durch eine Gasse, die die anderen Seminarteilnehmer bilden. Auch hier wird er mit Rollenaussagen befeuert. Er durchschreitet die Gasse mehrfach, immer auf und ab.

Wenn er genug Eindrücke gesammelt hat, macht er „die Biege", indem er die Gasse nach links oder rechts verlässt.

Die „Parts Party" kann auch im Rahmen einer Talkshow erfolgen. TV-Formate sind immer eine attraktive Möglichkeit, um unterschiedliche Stimmen zu Wort kommen zu lassen. Der Protagonist kann sich in den Zuschauerraum setzen, die Bühne ist mit ein paar Griffen hergerichtet. In der Rolle des Moderators lasse ich nun jeden der „Parts" zu Wort kommen. Dabei animiere ich durch pointierte Wiederholungen die Talkgäste zu sehr drastischen Äußerungen. Der Spaßfaktor ist dabei garantiert.

Weitere Einsatzmöglichkeiten

Auf die Parts Party greife ich zurück, wenn verschiedene Persönlichkeitsstile sichtbar gemacht werden sollen. Sie verdeutlicht nicht nur den differenzierten Persönlichkeitshaushalt (wir alle sind multiple Persönlichkeiten), sondern erklärt auch ganz unterschiedliche Reaktionen aufgrund des Persönlichkeitsstils. Hilfreich ist es, einzelne Teilnehmer in unterschiedliche Anteile schlüpfen zu lassen, damit sie sich in den verschiedenen Eigenschaften ausprobieren können. Ähnliche Übungen gibt es zum Beispiel auch in der Transaktionsanalyse, im Spiel mit dem Dramadreieck aus Retter, Opfer und Verfolger.

Wenn in einer Gruppe unterschiedliche Kräfte sichtbar werden, zum Beispiel zwischen Bewahrern und Veränderern, dann lassen sich solche stereotypen Kräfte ebenfalls mit „Parts" abbilden. Auf diese Weise wird niemand mit seinen Wünschen oder Forderungen an den Pranger gestellt, sondern das Spiel damit wird als ganz natürlich und hilfreich angesehen. Zwei Gruppen können dazu die unterschiedlichen Interessenlager vertreten und in eine Art „politische Debatte" eintreten, bei der jede Gruppe feste Sprechzeiten bekommt. Spannend wird es, wenn die Gruppen nach dem ersten Durchgang die Parteiinhalte tauschen. Die Party wird hier also zur Partei.

Technische Hinweise

Gruppengröße:	acht Teilnehmer und mehr
Material:	keins
Dauer:	ca. 5–10 Minuten
Vorbereitung:	Instruktion der Teilnehmer, Stehtische und Knabbereien vorbereiten

Meine ganz eigenen Ideen zur Methode

2.11 Warteschleife

Kernaussagen zusammenfassen und andere für ein Thema interessieren

Ziel

In den Köpfen von Teilnehmer steckt viel Wissen. Doch egal ob in Seminaren oder in der Organisationsberatung: Ich stoße immer wieder auf ein Umsetzungsdefizit. Für viele Menschen scheinen ihre Gedanken so selbstverständlich, dass sie gar nicht mehr auf die Idee kommen, darüber zu sprechen. Daher ist es mir ein besonderes Bedürfnis, diese Ressourcen öffentlich zu machen. Und ich vergleiche das mit der Öffentlichkeitsarbeit von Unternehmen: Von zwei Lieferanten, die ein und dieselbe Leistung anbieten, wird derjenige erfolgreicher sein, der seine Leistung besser kommuniziert.

Es geht also darum, implizites Wissen öffentlich zu machen. Dafür habe ich mich in der Werbung umgeschaut (oder besser: umgehört) und nach geeigneten Formaten gesucht. Fündig wurde ich bei einem meiner vielen Telefonate, als ich in der Warteschleife hing. Ein cleverer Lieferant nervt seine Kunden nicht mit von Sprachcomputern gesteuerten Endlosnachrichten, sondern transportiert noch wirklich brauchbare Botschaften, die einem das Warten verkürzen.

Meine Idee dahinter / Ablauf

Ich hing mal wieder ewig lange in der Telefonwarteschleife meines Telekommunikationsanbieters. Im Nachhinein könnte ich fast auf den Gedanken kommen: Die identifizieren meine Nummer und halten mich absichtlich in der Warteschleife, damit ich die Zeit für kreative Buchideen nutzen kann. Alles Berechnung also? Ich jedenfalls kam irgendwann auf den Gedanken, dass dieses Endlos-Gequatsche doch in einer adäquaten Form für etwas nützlich sein kann. Darüber kam ich auf die Idee mit dem Text für einen Anrufbeantworter. Die Ansagen auf privaten ABs sind ja in der Regel auch eher kurz und knackig und geben einen ersten Eindruck von der Persönlichkeit der Menschen, die sie besprochen haben: Sprachimitator? Witzeerzähler? Spaßbremse? Schnellredner? Familienmoderator? Es kommen also beim Ansagetext einige ganz vorteilhafte Aspekte zusammen: die Kürze der Informationen und der erste Eindruck von der Persönlichkeit.

Beides zusammengefasst kann zu einem sehr kreativen Seminareinstieg werden. Das Briefing lautet: „Nehmen Sie mithilfe Ihres Mobiltelefons einen 60-Sekunden AB-

Text auf. Darin stellen Sie sich vor, sagen, welchen Bezug Sie zum Thema haben, und benennen Ihr Alleinstellungsmerkmal: Was ist das Besondere an Ihnen, was Sie in diesem Thema zum Experten macht?" Ganz wesentlich ist hier die zeitliche Beschränkung. Je mehr Zeit die Leute bekommen, desto mehr verfallen sie in Vielrederei. Deshalb reduziere ich auch die Vorbereitungszeit auf maximal fünf Minuten. Das lässt zwar leichte Korrekturen zu, aber dem Perfektionsanspruch wirke ich entgegen. Der sanfte Druck, den ich ausübe, fördert die Improvisation. Nachdem alle Teilnehmer ihren Ansagetext aufgenommen haben, spielen sie ihn der Reihe nach ab. Man könnte auch via Bluetooth Lautsprecher einsetzen, was aber Einiges an Handling bedeutet. In der Regel reicht aber die Lautstärke am Mobiltelefon.

Eine Audiodatei wird so abgespielt, wie sie aufgenommen wurde. Anders als im Live-Gespräch sind keine Ad-hoc-Korrekturen mehr möglich ist. Außerdem hören sich die Teilnehmer selbst sprechen. Der Körper fällt als Resonanzkörper weg und die Stimme klingt plötzlich ganz anders. Es sind immer Teilnehmer darunter, die ihre eigene Stimme „ganz schrecklich" finden. Andere wieder entdecken ihre Fähigkeiten als Radio- oder Synchronsprecher.

Spielräume

Auch Paare können einen kurzen Ansagetext besprechen. Das ist eine schöne Möglichkeit, das „Sicheinlassen" zu trainieren und innerhalb kürzester Zeit ein gemeinsames Ergebnis zu präsentieren. Hier geht es nicht nur um „Hand in Hand", sondern auch um „Wort zu Wort". In der Kürze der Zeit ist es kaum möglich, ein fertiges Manuskript anzufertigen. Daher sind die Paare umso mehr darauf angewiesen, ihre Einsätze nonverbal abzustimmen und sich bestmöglich zu ergänzen.

Wer seine Vorliebe für das bewegte Bild ausleben möchte, kann natürlich die Aufgabenstellung auch für einen kurzen Werbe-Videoclip modifizieren. Auch dafür bietet das Mobiltelefon die Technik. Das „Video-Selfi" in Form eines Einzel- oder Paar-Werbefilmes ergänzt nochmal die Eindrücke. Das Schöne an diesen Audio- und Videoaufzeichnungen ist, dass sie untereinander ausgetauscht werden können. Mail und Messanger machen es bequem möglich. Diese moderne Form des Content-Sharing nutze ich sehr gerne, weil darüber Inhalte mit Spaß transportiert und umso besser verankert werden.

Weitere Einsatzmöglichkeiten

Wenn Sie mehrere Tage zusammenarbeiten, kann die Warteschleife auch wunderbar als Zwischenbilanz für den ersten Seminartag eingesetzt werden. Für jeden Teilnehmer ergibt sich so eine individuelle Zusammenfassung, die es ihm ermöglicht, sich die Kernthemen nach der Veranstaltung in Erinnerung zu rufen. Ich arbeite schon lange mit Audio-Notizen und habe deren Wert inzwischen sehr schätzen gelernt.

Ebenso gut können Sie digitale Aufzeichnungen für Feedback einsetzen. Die kurze Vorbereitung für die Aufzeichnungen fördert eine aktive Auseinandersetzung mit den Seminarinhalten und ist ebenfalls eine Dokumentation über das Seminarende hinaus. Wenn Sie die Teilnehmer um Erlaubnis fragen, können Sie sogar einzelne Beiträge als Empfehlung in Ihren sozialen Netzwerken nutzen, zum Beispiel in SoundCloud.

Technische Hinweise

Gruppengröße: acht Teilnehmer und mehr

Material: Mobiltelefone mit Möglichkeiten der Sprachaufnahme

Dauer: ca. 15–20 Minuten

Vorbereitung: keine

Meine ganz eigenen Ideen zur Methode

_____
_____
_____
_____
_____
_____
_____

2.12 Markt der Möglichkeiten

Ressourcen auf kreative Weise den anderen Teilnehmern anbieten

Ziel

Ich bin ein großer Marktfan, wie Sie bereits bei der Übung „Auf dem Basar" (2.1, Seite 31) erfahren haben. Die Präsentation von Obst und Gemüse, die Gewürzanbieter, die Käse-, Fleisch- und Fischhändler, die Bäcker, ich kann gar nicht so viel essen, wie ich Appetit bekomme. Am liebsten würde ich überall zugreifen und mich durch die Leckereien futtern. Bei einem dieser Marktbesuche kam mir die Idee, wie ich diese Atmosphäre auch im Seminarraum nutzbar machen kann. Wer hat dort ein besonderes Angebot? Und wie kann er es präsentieren, dass die anderen Teilnehmer daran Interesse finden, vielleicht sogar Lust darauf bekommen? Wenn ich auf dem Markt unterwegs bin, lasse ich mich vor dem Kauf zuerst eine Zeit lang inspirieren. Das Schöne an Märkten ist ja auch die Nähe unterschiedlicher Anbieter: Man kann probieren und vergleichen. Genauso kann doch auch das Ambiente auf einem „Markt der Möglichkeiten" sein. Zu einem übergeordneten Thema stellen die Anwesenden ihre Lösungsangebote vor, die sie als „Produkte" auf ihrem Markttisch feilbieten. Dadurch füllen sich sukzessive die „Ressourcen-Taschen" der Marktbesucher.

Meine Idee dahinter / Ablauf

Der Glaube, dass alles Hilfreiche bereits den Menschen innewohnt, ist in mir fest verankert. Daher ist es mir ein tiefes Bedürfnis, diese Möglichkeiten nach außen zu befördern. Ich nutze beim „Markt der Möglichkeiten" die Intelligenz der Gruppe. Auch innerhalb der Organisationsentwicklung baue ich darauf, dass bereits viel Wissen in der Organisation steckt. Etliche Probleme sind so oder so ähnlich schon mal da gewesen. Es lohnt sich also zu fragen, wer schon einmal ähnliche Erfahrungen gemacht hat und Lösungsideen bieten kann.

So kann der Markt z. B. ein besonderer Themen-Markt sein. Doch anstelle eines Stoff-, Blumen- oder ein Gemüsemarktes kann es ein „Ja-Markt" sein, ein Kontakt- oder ein Karriere-Markt, je nach Thema des Seminars. Die Teilnehmer werden angeleitet, passend zur Aufgabenstellung ihren individuellen Marktstand herzurichten. Dazu dürfen sie alles verwenden, was der Raum an Ausstattung hergibt. Wichtig dabei ist nur, dass die Gegenstände als Symbol für eine Ressource oder Lösung dienen. Durch diese Aufgabe wird sehr schön deutlich, welche Beziehung die Anwesenden zum Thema haben, und zwar auf eine sehr lösungsorientierte Weise. Deshalb kann die Methode bereits in einer sehr frühen Seminarphase eingesetzt werden.

Wenn alle ihren Stand hergerichtet haben, wandert die Gruppe von Stand zu Stand und der jeweilige Anbieter stellt seine Waren vor. Die „Kunden" dürfen selbstverständlich Fragen stellen und ihre eigenen Erfahrungen mit dem „Produkt" äußern. Daraus resultieren oft spannende und auch lustige Dialoge. Die Heiterkeit öffnet immer wieder zusätzliche Perspektiven auf ein Thema. Selbst wenn keine realistische Lösung auf dem Tisch liegt, wirkt die entspannte Atmosphäre extrem befreiend. Die Unterhaltungen in diesem besonderen Ambiente tragen außerdem dazu bei, dass neue kreative Ideen entstehen. Mit einer dezenten Musik im Hintergrund kann die Stimmung zusätzlich gefördert werden. Auch hier gilt: Fotografieren und Filmen ist unbedingt erlaubt, um die Inhalte später noch verfügbar zu haben.

Eingesetzt habe ich die Methode zum Beispiel in einem Seminar in einer psychosomatischen Klinik zum Thema „Deeskalationstraining". Alle Teilnehmerinnen (ja, es waren nur Frauen!) hatten schon viele Erfahrungen mit konfliktträchtigen Situationen. Dazu gehörten auch sehr positive, hilfreiche Erfahrungen. Ich bat sie also, jeweils einen Stand herzurichten mit eigenen, deeskalierenden Angeboten. Dafür stand ihnen natürlich wieder mein Requisitenkoffer mit zahlreichen Gegenständen zur Verfügung. Nach dem Bummel durch die Marktstände füllte sich jede von ihnen eine Art „Erste-Hilfe-Tasche", die sie anschließend im Plenum „auspackte".

Spielräume

Die Übung lässt sich auch als Kleingruppenaufgabe definieren. In einer zwölfköpfigen Seminargruppe können zum Beispiel drei Gruppen à vier Personen gebildet werden. Jedes Team erhält die Aufgabe, sich vier Ressourcen oder Lösungsideen zu überlegen. Jedes Teammitglied übernimmt dann einen Stand und besetzt diesen als „Marktschreier", um die verbleibenden acht Marktbesucher an seinen Stand zu locken. Bei größeren Gruppen lässt sich die Verteilung von Marktschreiern und Besuchern auch per Losverfahren definieren. Wichtig ist, dass es ausreichend Marktbesucher und „Abnehmer" gibt und nicht alle hinter eigenen Ständen verschwinden. Ich empfehle, für die Bestückung der Marktstände nicht zu viel Zeit einzuräumen, da die Händler sonst zu sehr ins Überlegen kommen. Spontaneität ist gefordert und kein Perfektionsanspruch. Eine wichtige Ressource ist zum Beispiel, sich auf Unsicherheiten einlassen zu können und mit viel Kreativität neue Denkrichtungen zu eröffnen. Das kann mit dieser Übung sehr schön gefördert werden.

Weitere Einsatzmöglichkeiten

Der „Markt der Möglichkeiten" erinnert an „Auf dem Basar" (Übung 2.1). Übung 2.12 setze ich dann ein, wenn ich größere Teile der Gruppe aktivieren möchte. Bisher habe ich hier auch immer den thematischen Rahmen weiter gespannt. Auf diesem Markt kann grundsätzlich alles angeboten werden, was einen thematischen und lösungsorientierten Bezug hat. Bei „Auf dem Basar" geht es weniger um die Artikel als um die Interaktion von Käufer und Verkäufer. Aber wie gesagt, so habe ich es bisher gehandhabt, es sind aber sicher auch andere Formen möglich. Eine Variante ist ein Flohmarkt, bei dem das angeboten wird, wofür andere keinen Bedarf mehr haben. Dabei kommt dem Verhandlungsspaß eine ganz besondere Rolle zu. Vielleicht erinnert Sie der Flohmarkt gerade an das Schrottwichteln (Übung 2.7)? Und auch diese Methode eignet sich hervorragend als Feedbackrunde zum Tagesabschluss oder Seminarende.

Etwas außergewöhnlich klingt vielleicht die Idee vom „Markt der Unmöglichkeiten". Ich habe ihn bisher noch nicht ausprobiert, werde ihn aber bei passender Gelegenheit testen. Es gibt immer wieder Aufgabenstellungen oder Probleme, für die sich aktuell keine Lösungen anbieten. Sich diesen vorerst „unverrückbaren Tatsachen" zu stellen kann für manche Teilnehmer eine besondere Herausforderung sein. Die Aufgabe könnte also lauten: Welche Parameter können Sie im Moment nicht beeinflussen? Womit müssen Sie sich zur Zeit arrangieren? Einen Blick darauf zu bekommen und als Gruppe diese Unabänderlichkeiten gemeinsam zu schultern, kann extrem entlastend wirken.

 Technische Hinweise

Gruppengröße:	12 Teilnehmer und mehr
Material:	Requisiten Kostüme, Raumdeko, Bilder, Hüte, Büroutensilien etc.
Dauer:	ca. 45–60 Minuten
Vorbereitung:	Markttische herrichten

Meine ganz eigenen Ideen zur Methode

2.13 Small Talk

Durch informelle Gespräche die Beziehung zum Thema herstellen

Ziel

Die Teilnehmer sollen nicht nur beteiligt, sondern betroffen sein. Wie sie zum Seminarthema stehen, wird nicht erst in der Vorstellungsrunde, sondern bereits in der Ankommensphase thematisiert. Das Seminarthema ist eine Art kleinster gemeinsamer Nenner, das, was alle verbindet. Diese Tatsache nutze ich für den wichtigen ersten Eindruck und die Kontaktanbahnung.

Meine Idee dahinter / Ablauf

Auf Partys höre ich oft als Kennenlernfrage: „Und woher kennt ihr den Gastgeber?" Das ist es, was alle vereint: die besondere Beziehung zu diesem Menschen. Und daraus ergibt sich auch schnell ein gemeinsamer Gesprächsinhalt.

Bei meinen Seminaren kann ich nicht davon ausgehen, dass mich alle Teilnehmer schon irgendwoher kennen. Wovon ich aber ausgehen kann: Alle haben ein gemeinsames Interesse am Seminarthema. Diesen „kleinsten gemeinsamen Nenner" möchte ich sinnvoll nutzen. Daher überlasse ich das Small-Talken nicht dem Zufall, sondern greife es direkt als hilfreiche Methode auf, um miteinander „warm zu werden". Die Teilnehmer erwarten beim Eintreffen bereits kleine Talk-Inseln in Form von Stehtischen, auf denen eine kurze Anleitung für die Talk-Runden bereit liegt: *Sich mit einem Getränk versorgen (wer mag) und sich kurz mit Namen vorstellen. Dann die Frage an die Anwesenden, was sie mit dem Thema verbindet und zu allem, was sonst noch neugierig macht. Tischwechsel nach spätestens drei Minuten.* Mehr Anleitung gibt es nicht. Das Ankommen soll trotz Rahmen möglichst unkonventionell bleiben.

Die ersten Eindrücke aus der Small-Talk-Runde greife ich oft später nochmal auf. Für ein Seminar mit dem Titel „Gemeinsam. Selbst. Wirksam" habe ich beispielsweise zum Thema „tragfähige Beziehungen aufbauen" eine Selbst- und Fremdbildeinschätzung vornehmen lassen. Dazu konnten die Teilnehmer ihren ersten Eindruck aus der Small-Talk-Runde den späteren Erfahrungen gegenüberstellen und Schlussfolgerungen daraus ziehen. Die Methode eignet sich also nicht nur für ein ungezwungenes Kennenlernen und zum Einstieg ins Thema, sondern auch, um Vorannahmen zu überprüfen.

Spielräume

Small Talk kann an jeder Stelle eines Seminars eingesetzt werden – zu Beginn, in den Pausen oder innerhalb einer Arbeitseinheit, also eine Art „verordneter Small Talk". Der Unterschied liegt für mich vor allem darin, dass es zeitlich wie thematisch Besonderheiten gibt. Zeitlich begrenze ich die Settings immer auf wenige Minuten, damit die Gäste sich nicht „festplaudern". Sonst wird daraus schnell eine Arbeitsgruppe. Inhaltlich bin ich viel weiter gefasst als bei einer definierten Aufgabenstellung. Das „freie Assoziieren" ist hier nicht nur wahrscheinlich, sondern sogar gewünscht. Es ist in diesen Gesprächsrunden total spannend zu beobachten, welche Themenfelder plötzlich angekoppelt werden. Das erweitert nochmal die Perspektive für die Aufgabenstellung: Was hat für uns Relevanz und sollte vertieft werden, was sollten wir auch im Auge behalten und was ist für uns von geringerer Bedeutung? Diese Gewichtung lässt sich auch bei jedem „Get-Together" beobachten. An einigen Themen bleiben die Anwesenden „hängen", bei anderen fällt die Gruppe schnell auseinander und die Teilnehmer verziehen sich in spannendere Talk-Runden.

„Small Talk" lässt sich auch ganz anders übersetzen. So besteht eine Variante darin, innerhalb eines begrenzten Zeitraumes die wesentlichen Gedanken auf den Punkt zu bringen. Also kein langes Drumherumgerede, sondern die „hard facts" aussprechen. Vielleicht wäre „Short Talk" hier die bessere Bezeichnung. Wer kennt nicht die ausufernden Besprechungen, bei denen nach drei Stunden immer noch nichts gesagt ist. Eine Vermutung könnte lauten: Was nach zehn Minuten nicht auf dem Tisch liegt, ist irrelevant. Die Aufforderung an alle Beteiligten also: Fasse dich kurz und pointiert.

Diese Art von Small Talk habe ich in einer Vertriebstagung umgesetzt. Hier reklamierten einige Teilnehmer, dass in der Vergangenheit immer um den heißen Brei geredet wurde. Die lockere Atmosphäre unterstützte die Bereitschaft, auch den Mund locker zu machen. Meine Erfahrung: An der Kaffeetafel und abends in der Bar kommen oft die wirklich wichtigen Themen auf den Tisch. Und der zeitliche Rahmen von maximal drei Minuten Gruppenzugehörigkeit förderte zusätzlich die Konzentration auf das Wesentliche. So wurden aus dem „heißen Brei" schließlich „heiße Eisen".

Weitere Einsatzmöglichkeiten

Den Small Talk habe ich einmal zu einem Change-Talk gemacht, inspiriert durch die Kartenbox „ChangeTalk" von Martina Schmidt-Tanger und Thies Stahl (siehe Literaturverzeichnis). Im Rahmen einer Fortbildung für Coaches und psychologische Berater hatte ich die Teilnehmer in kleine, flottierende Gruppen gebracht mit der Aufgabenstellung, Sprachmuster zu identifizieren. Hier ging es also weniger um die

Inhalte, sondern um die sprachliche Oberflächenstruktur. Insofern ist es auch gar nicht so wichtig, worüber gesprochen wird. Ein thematischer Bezug ist vorteilhaft, weil dazu jeder etwas zu sagen hat. Diese Form erwies sich als sehr abwechslungsreiche Übung, um in kurzen Sequenzen viel über die Wirklichkeitskonstruktionen anderer Menschen zu erfahren. Die Eindrücke daraus wurden im Anschluss in der Gruppe zurückgemeldet, geclustert und für die weitere Bearbeitung aufbereitet.

Auch in Form eines „Body Talk" kann die Methode ganz tolle Einblicke liefern, wenn wir unseren Blick vor allem auf die Körpersprache richten. Ich kann nur immer wieder daran erinnern: Nutzen Sie die Kraft des schnellen Wechsels, damit es nicht langatmig wird. Vielleicht fallen Ihnen noch weitere Talk-Formate ein?

Technische Hinweise

Gruppengröße: 12 Teilnehmer und mehr

Material: Stehtische, ggf. Getränke und Knabberzeug

Dauer: ca. 15 Minuten (bei anschließender Auswertung länger)

Vorbereitung: Stehtische herrichten

Meine ganz eigenen Ideen zur Methode

_____

_____

_____

_____

_____

_____

_____

_____

2.14 Jammertal

Den Klagen über die schwierige Umwelt Raum und Zeit geben

Ziel

Nicht alles liegt in der Verantwortung der Seminarteilnehmer. Und sie sind auch nicht uneingeschränkt mächtig. Teilweise bestehen Abhängigkeiten, besonders in Organisationen. Wenn es „Probleme" gibt, werden diese Abhängigkeiten oft beklagt. Die Teilnehmer fühlen sich ohnmächtig, manche können sich stundenlang darüber auslassen, wie ungerecht die Welt und wie inkompetent „die anderen" sind. Das Jammertal hilft dabei, diesen Klagen einen Raum zu geben und Frustration abzubauen. Danach wenden sich die Anwesenden ihren Einflussmöglichkeiten zu und erleben sich wieder als „partiell mächtig".

Meine Idee dahinter / Ablauf

Veränderung kostet Energie. Aus rein ökonomischen Gesichtspunkten ist es daher naheliegend, sich möglichst wenig zu verändern. Der Weg zu dieser Stabilität führt oft über das Fokussieren der Umwelt: Strukturen, soziales Umfeld, Politik etc. Wir „verrücken" dabei unsere Wahrnehmung, weg von uns selbst, hin zu den Umständen.

Ich finde, sich zu beklagen hat eine wichtige Funktion. Es entlastet ein gutes Stück und stellt die Ausgangssituation auch in einen größeren Zusammenhang. Daher halte ich es für wichtig, den Klagen ausreichend Raum und Zeit zu geben. Die Teilnehmer erlebe ich danach als aufgeschlossener für ihre Einflussmöglichkeiten. Außerdem steigt die Kreativität für das eigene Spielfeld, wenn die Nebenspielfelder ebenfalls Aufmerksamkeit erfahren haben. Das ist keine rein taktische Beruhigung, sondern ein Wertschätzen gescheiterter Lösungsversuche. Ich verbinde das allerdings mit einer humorvollen Inszenierung, damit die gefühlte Last und Hoffnungslosigkeit nicht lähmend wirken.

Ich habe mir große Buchstaben ausgedruckt, die ich zum Wort „Jammertal" zusammensetze. Der Schriftzug bleibt dauerpräsent, denn ich komme im Laufe des Seminars bei Bedarf immer mal wieder auf das Jammertal zurück. Gerade am Anfang sind Jammern und Wehklagen oft sehr ausgeprägt. Wenn ich nicht rechtzeitig gegenlenke, kann ein ganzer Vormittag nur mit pauschaler Kritik an Abwesenden gefüllt sein. Sobald ich Anzeichen hierfür erkenne, lenke ich die Aufmerksamkeit der Teilnehmer auf das Jammertal. Steht mir eine Pinnwand zur Verfügung, hefte ich das Wort daran. Ansonsten klammere ich die Buchstaben an einer Wäscheleine fest, die ich in einer Ecke des Raumes befestige.

Nehme ich ein Bedürfnis nach Anklage wahr, stelle ich das Jammertal vor: „Das Jammertal ist ein Raum, der offen ist für eure Kritik, Vorwürfe, Enttäuschungen, Wut etc. Oft gibt es dafür einen wirklich guten Grund, und ‚die am anderen Ende‘ sollten sich mal fragen, was ihr Anteil am Problem ist. Daher finde ich es wichtig, diese Eindrücke auszusprechen, auch wenn diejenigen, die es eigentlich betrifft, heute nicht dabei sind. Hinter dieser Wand liegt das Jammertal. Wer auch immer den Impuls hat, hier etwas loswerden zu wollen, worauf er im Augenblick noch keinen Einfluss hat, der kann das Jammertal besuchen. Es steht euch frei, hinter der Wand zu verschwinden und einfach loszujammern oder eure Gedanken auf eine Karte zu schreiben und sie dem Jammertal schriftlich anzuvertrauen. Wichtig ist nur eines: Das Jammern findet nur im Jammertal statt."

Allein die Tatsache, dass das Jammertal wie ein separater Raum wirkt und „Jammern" Bestandteil seines Namens ist, macht die Teilnehmer sehr sensibel für Zuschreibungen. Ich bin immer wieder überrascht, wie untereinander die Aufmerksamkeit für Jammereien steigt. Es kann passieren, dass die Gruppe einzelne Anwesende ins Jammertal schickt – das Ganze mit viel Spaß und einer gehörigen Portion Respekt vor dem Klagenden. Manchmal fordere ich zu Beginn einer Veranstaltung die Gruppe geradezu auf, gemeinsam in das Jammertal zu gehen und dort hemmungslos alles zu verteufeln und zu beklagen, was ihnen einfällt. Gegenseitige Stimulation ist unbedingt erwünscht. Diese Variante wirkt wie ein Katalysator – die Luft ist deutlich reiner und der Blick auf die eigenen Möglichkeiten klar.

Wenn im Seminarverlauf gelegentliche Rückfälle zu verzeichnen sind (und das sind sie fast immer!), dann lenke ich den Blick wieder auf das Jammertal, sofern die Gruppe das nicht schon selbst übernimmt. Als hilfreich hat sich herausgestellt, die wiederkehrenden Jammer-Themen auf Moderationskarten festzuhalten. Der Funke Wahrheit in ihnen kann durchaus zu einem späteren Thema werden. Ich achte jedoch sehr darauf, welche Informationen von meiner Seite an den Auftraggeber gehen. Wenn ich Fotoprotokolle anfertige, dann stelle ich diese den Teilnehmern zur weiteren Verwendung zur Verfügung.

Spielräume

Ganz stolz bin ich auf meinen „Jammerlappen", der inzwischen zum treuen Begleiter in meinen Seminaren geworden ist. Er übernimmt oft die Vorstellung des Jammertals, denn er ist eine Handpuppe, die ich zum Leben erwecke. Schon sein Gesichtsausdruck nimmt jeder Klage ihren Ernst. Wenn in Äußerungen irgendwo eine versteckte Klage mitschwingt, dann muss ich nur zum Jammerlappen greifen und alle wissen schon Bescheid. Die Puppe darf natürlich extrem verstärken und Grenzen einreißen, ihr kann man einfach nicht böse sein.

In irgendeiner Methodensammlung bin ich einmal auf die Idee der „Klagemauer" gestoßen. Leider finde ich die Quelle nicht mehr. Auch diese Variante gefällt mir sehr gut, denn in nahezu allen Räumen ist eine solche Mauer leicht zu definieren. Die Teilnehmer können sich entweder (wie an der echten Klagemauer in Jerusalem) mit dem Gesicht zur Wand stellen und dieser ihr Leid klagen. Oder sie können Klagezettel beschriften und an die Wand hängen. Das erinnert auch an „Wunschbäume" oder Gästebucheinträge. Ein Wunschbaum (wahlweise auch ein Kritikbaum) ist ebenfalls mit wenigen Handgriffen gemacht. Manchmal reicht es, die Terrassentür zu öffnen und ein paar Klammern bereitzuhalten. Aber auch eine Wäscheleine oder ein Flipchart mit einem gemalten Baum sind mögliche Varianten.

Aus einem Gästebuch wird im Handumdrehen ein Reklamationsbuch, dem alles Jammern und Klagen anvertraut werden kann. Oder wie wäre es mit einem „Tal der Tränen", in dem Sie lauter Papiertaschentücher auslegen, auf die mit Edding Stichworte notiert werden?

Weitere Einsatzmöglichkeiten

Das Jammertal (oder eine Variante) setze ich auch in Einzelcoachings ein. Die Tendenz, sich aus der Verantwortung zu stehlen, ist kein reines Gruppenphänomen. Im Einzelsetting lasse ich den Klienten bei jeder Klage eine Metaplankarte ausfüllen. Allein durch das regelmäßige Anreichen von Karten wird ihm bewusst, dass er schon wieder auf einem fremden Spielfeld unterwegs ist. Das Jammertal inszeniere ich dann zum Beispiel mithilfe eines grünen Stoffs, den ich über zwei Stuhllehnen hänge. Dadurch entsteht tatsächlich der Eindruck eines Taleinschnitts. Die Karten des Klienten kommen auf den Stoff, zwar sichtbar, aber eben in einem Seitental. Auch die Variante mit dem Wunsch- oder Kritikbaum am Flipchart ist im Einzelsetting leicht machbar. Und wer eine Magnetwand hat, der hat eine ideale Klagemauer.

Technische Hinweise

Gruppengröße: acht Teilnehmer und mehr
Material: Pinnwand, Schriftzug „Jammertal", Metaplankarten
Dauer: ca. 10 Minuten bzw. als Dauerinszenierung
Vorbereitung: Schriftzug anfertigen und befestigen

Meine ganz eigenen Ideen zur Methode

2.15 In die Bresche springen

In verfahrenen Situationen die Geschichte anders fortschreiben

Ziel

„Wenn du denkst, es geht nicht mehr, kommt von irgendwo ein Lichtlein her." Diesen Spruch hat mir meine Mutter immer als Mutmacher mit auf den Weg gegeben. Manchmal war dieses Lichtlein eine helfende Hand, manchmal eine spontane gute Idee. Mithilfe dieser Methode eröffnen sich neue Handlungsoptionen und sie soll das Verhaltensrepertoire in festgefahrenen Situationen erweitern. Der Protagonist stellt fest, dass es immer auch alternative Möglichkeiten gibt, Problem- bzw. Lösungsgeschichten fortzuschreiben.

Meine Idee dahinter / Ablauf

In meinem Buch „Das habe ich alles schon probiert" bin ich bereits auf Lösungsversuche eingegangen, die sich Menschen im Hinblick auf ihr Problem vorstellen können. Diese Vorstellungen beziehen sich immer auf den selbstgesteckten Referenzrahmen. Was nicht in ihrer Welt vorkommt, ist nur schwer oder gar nicht vorstellbar. Das ist oft Bestandteil des Problems, denn dadurch gehen Wahlmöglichkeiten verloren.

Der große Vorteil von Teams ist, dass es verschiedene Referenzrahmen gibt, die zu ganz unterschiedlichen Lösungsansätzen führen können. Dieses Potenzial möchte ich unbedingt in meinen Seminaren fördern. Dazu bediene ich mich einiger Elemente aus dem Improvisationstheater. Das „freie Spiel" wird unterstützt durch meinen Requisitenkoffer, der den Teilnehmern zur Verfügung steht. Verkleidung und diverse Gegenstände (vom Nudelholz über Seile bis zur Schreckschusspistole) sorgen dafür, dass die Kreativität angeregt wird. Und ich kann nur sagen: Kleider machen Leute! Was durch die Verkleidung plötzlich an neuen persönlichen Facetten ans Licht kommt, beeindruckt mich immer wieder. Da werden Schweiger und Stillsitzer plötzlich zur Rampensau und verblüffen das Publikum durch ihre Situationskomik.

Den Titel des Bühnenstücks gibt der Protagonist vor. Allein das kann eine erste Herausforderung sein, denn hier muss eine komplexe Geschichte auf eine Headline reduziert werden. Dann sucht sich der Fallgeber seine Mitspieler aus und skizziert den Inhalt: Worum geht es bei seinem „Problem"? Ich beschränke hier die Erzählzeit immer auf wenige Minuten, damit nicht alle gemeinsam in eine Art Problemtrance verfallen. Kurz und knackig reicht vollkommen aus, um die Fantasie der Schauspieler anzuregen. Bevor es losgeht, kennzeichne ich die Bühne durch eine rote Linie (ein rotes Seil), um den Bühnenraum vom Zuschauerraum zu trennen. Damit der Gesamteindruck auch passt, setzen sich die Zuschauer wie in Theatersitzreihen vor die Bühne. Mit einigen Sätzen kündige ich dann die Improvisation an: „Sehr verehrtes Publikum, wieder einmal ist es uns gelungen, ein namhaftes Schauspielensemble nach XY zu bringen. Wir haben die Künstler aus Bora Bora und Nala Mahamba einfliegen lassen und sie sind erst vor wenigen Minuten hier auf dem Parkplatz gelandet. Freuen Sie sich auf die Komödie / Tragödie / das Drama [Titel vom Protagonisten] und begrüßen Sie das Ensemble mit einem kräftigen Applaus!"

Der Fallgeber hat nun die Aufgabe, seine Szene so lange zu entwickeln, bis er zu seiner „Problemstelle" kommt. Er landet also an dem Punkt, an dem er sich bisher noch keine Lösung vorstellen kann. Genau in diesem Moment kann er die Szene anhalten. Auch die Mitspieler „frieren" quasi ein. Er stellt dann dem Publikum die Frage: „Wer kann für mich in die Bresche springen?" Der Begriff „Bresche" kommt vom fränkischen „breka" und bezeichnet das Abbrechen eines Mauerstücks, also das Öffnen einer Mauerlücke. Ich finde das Bild sehr passend, weil ja ein neuer Durchgang entsteht, wo vorher jemand „mit dem Kopf gegen die Wand" gelaufen ist.

Wer immer aus dem Publikum nun eine Idee hat, wie er die Szene lösungsorientiert weiterspielen kann, löst den Fallgeber ab. Dabei greift er denselben Faden an genau der Stelle auf, an der der „Problemsteller" ihn losgelassen hat. Auch die anderen Schauspieler spielen kein neues Stück, sondern entwickeln das alte weiter. Wenn der „Breschen-Springer" mit seinem Geschichtsentwurf durch ist, räumt er die Bühne und gibt den Platz frei für einen anderen Ideengeber. Das läuft so lange, bis alle Ideen inszeniert wurden.

 ### Spielräume

Die Methode „In die Bresche springen" funktioniert nicht nur bei Beziehungsthemen mit Interaktionen; hier sind natürlich die Beteiligten mit auf der Bühne. Doch manche „Probleme" erleben die Fallgeber ganz ohne andere Menschen. Dazu können Angst, Stress, Schmerz oder Traurigkeit gehören. In diesem Fall hätten wir ein Ein-Personen-Stück. Der Protagonist würde dann entweder seine Geschichte bis zu dem Punkt erzählen, an dem das Problem auftritt, oder er würde sein „inneres Team" als Mitspieler auf die Bühne bringen. Der weitere Verlauf ist dann wie oben beschrieben.

Gelegentlich setze ich „Kopfstand-Fragen" im Coaching ein: „Was müssten Sie tun, um das Problem zu vergrößern?" Diese Aufgabenstellung lässt sich auch auf diese Methode übertragen. Wer einspringt, hat die Aufgabe, durch sein Verhalten die Situation zu verschärfen. Diese Variante macht den Teilnehmern besonders viel

Spaß, weil es dann nicht mehr um das Bessermachen geht. Viele erleben das als entlastend. Außerdem lässt sich im Anschluss vom „Problemverhalten" auch ein „Lösungsverhalten" ableiten.

Möglich ist auch, nach Absprache mit dem Protagonisten früher in die Szene einzugreifen. Man wartet nicht ab, bis der Fallgeber um Hilfe bittet, sondern jeder Zuschauer kann an einer beliebigen Stelle der Szene die Stellvertretung übernehmen. Wenn sich der Problemerfinder wieder handlungsmächtig fühlt, ist auch er eingeladen, erneut in das Stück einzusteigen.

Leicht abgewandelt kann die Übung im Seminar zum Dauereinsatz kommen. Dann nenne ich sie zum Beispiel „Aus der Patsche helfen". „Patsche" ist der umgangssprachliche Ausdruck für Matsch oder Schlamm. Wenn sich also jemand festgefahren hat oder in einem Gedanken stecken geblieben ist, kann ihm ein anderer Teilnehmer „aus der Patsche" helfen und einen Vorschlag machen, wie es weitergehen könnte.

Weitere Einsatzmöglichkeiten

„In die Bresche springen" kann auch wunderbar im Rahmen einer Teamentwicklung eingesetzt werden. Beim Arbeiten an einer gemeinsamen Aufgabe kann jeder für einen Teamkollegen „in die Bresche springen", wenn dieser nicht mehr weiterweiß. Das Ganze klappt zum Beispiel gut im Rahmen einer Projektplanung, die in Form eines Drehbuches entwickelt wird. Das Team bekommt die Aufgabe, einzelne Kapitel (Projektstufen) zu schreiben. Es geht in diesem Fall ausdrücklich nicht darum, Ideen zu korrigieren, sondern immer dann, wenn einer plötzlich eine Denkblockade hat, angestoßene Gedanken fortzusetzen und weiterzuentwickeln. Dadurch wird sehr schön deutlich, dass jeder einen Beitrag leistet und alles seine Berechtigung hat. Diese gemeinsame Aufbauarbeit wird hör- und sichtbar, weil die Teilnehmer Vorhandenes weiterentwickeln.

Ich habe die Methode auch schon in einem Führungskräfte-Coaching mit nur drei Personen eingesetzt. Die Wirkung war hier besonders intensiv, denn in einer so kleinen Gruppe kann sich niemand verstecken und es fällt sofort auf, wenn jemand versucht, sich rauszuhalten.

Technische Hinweise

Gruppengröße: fünf Teilnehmer und mehr
Material: Requisitenkoffer
Dauer: ca. 15–20 Minuten
Vorbereitung: Bühne begrenzen, Theaterbestuhlung

Meine ganz eigenen Ideen zur Methode

2.16 Ich mache mir ein Bild von dir

Den ersten Eindruck voneinander im Portrait festhalten

Ziel

Die ersten Eindrücke, die wir beim Kennenlernen voneinander haben, sind in der Regel „Ein-Bildungen". Wir versuchen, den Menschen, der uns gegenübersteht, in einen Rahmen zu bringen und uns möglichst schnell ein Bild von ihm zu machen. Diese Übung unterstützt dabei, das Bild in unserem Kopf in eine äußere Form zu bringen. Der Gesprächspartner erhält eine Vorstellung davon, wie wir ihn sehen, und zwar auf eine visuelle Art und Weise. In den Begriffen Selbst- und Fremdbild steckt ja auch das Wort „Bild". Also warum nicht zum Bild greifen und es für das Kennenlernen nutzbar machen? Es ergibt sich daraus ein vertiefendes Gespräch über die besonders hervorstechenden Eigenschaften im Bild.

Meine Idee dahinter / Ablauf

In vielen Kennenlernrunden stellen sich die Teilnehmer nacheinander in der Gruppe vor. Manchmal geschieht dies nach vorangehenden Zweiergesprächen auch gegenseitig. Meiner Erfahrung nach sind diese Vorstellungsrunden oft sehr textlastig, lang und zeitraubend. Je nach Verbindung zum Thema kann eine solche Vorstellungsrunde gut investierte Zeit sein. Doch mir reichte das Wort allein nicht. Es war mir wichtig, es um ein Bild zu ergänzen, die Bildbeschreibung zeitlich einzugrenzen und das „Eingebildete" im weiteren Verlauf nutzbar zu halten.

Worte sind unser Hauptmittel, um Wirklichkeit zu konstruieren. Sie codieren unsere Wahrnehmung und machen sie zu einer „Wahr-Gebung". Für mich ist das Malen erster Eindrücke eine spannende Ergänzung dieser Einseitigkeit, die auf diese Weise ein gutes Stück entkräftet wird. Vielen Teilnehmern muss man jedoch zuerst die Hemmung vor dem Zeichnen nehmen („Ich kann aber gar nicht malen"). Es geht darum, den Perfektionsanspruch zu reduzieren und auf die künstlerische Freiheit zu verweisen. Wer mag, kann das Bild auch durch Schlüsselbegriffe ergänzen.

Den ersten Eindruck im Bild festzuhalten entspricht einer Momentaufnahme, ähnlich einem Foto-Schnappschuss. Das kann in der Gruppe sehr schön herausgearbeitet werden und erweitert die Perspektive auf die Zeit davor und danach. Als besonders nützlich hat es sich erwiesen, wenn die Teilnehmer sich ihre Bilder schenken lassen und diese mit nach Hause nehmen. So entstehen schöne Anker, die über das Seminar hinauswirken.

Jeder Teilnehmer sucht sich seine Hilfsmittel selber aus: Bleistift, Buntstift, Edding, Wasserfarben ... ganz nach Vorliebe. Dann ziehen sich die Paare zurück. Pro Vorstellung hat sich eine Zeitspanne von maximal fünf Minuten als günstig erwiesen. Der Erzähler fasst sich kurz und der Maler verzettelt sich nicht in künstlerische Details. Zuhören und gleichzeitig malen – das kann schon eine Herausforderung sein. Wo soll nun die Aufmerksamkeit liegen? Bin ich bei den Worten des Erzählers oder widme ich mich der Entstehung meines Bildes, das ein Fremdbild ist? Doch nach nur wenigen Strichen lösen sich meist alle anfänglichen Schwierigkeiten auf – die Formen nehmen Gestalt an.

Mithilfe seines Bildes stellt der Maler anschließend seinen Interviewpartner im Plenum der Gruppe vor. Hier gebe ich nur bei sehr großen Gruppen eine zeitliche Begrenzung vor. Sie ist meistens nicht nötig, weil die Erläuterung des Bildes in der Regel kürzer und pointierter ausfällt als eine Nacherzählung.

Wenn es im Seminar vor allem um das Thema Selbst-/Fremdbild bzw. Außenwirkung geht, können die Ergebnisse durch Rückfragen vertieft werden: „So hast du mich gesehen? Woran hast du das festgemacht?" Sehr hilfreich ist es, die Bilder über die Dauer des Seminars im Raum auszustellen, z. B. an einer Pinnwand befestigt oder festgeklammert auf einer Wäscheleine. Das ermöglicht immer wieder einen Abgleich zwischen dem Eindruck nach einem besseren Kennenlernen und dem ersten Eindruck.

Spielräume

Beim Spiel mit dem eigenen Bild greife ich auch gerne auf Fotos zurück. Dazu bitte ich bereits mit der Einladung die Teilnehmer darum, ein Bild von sich mitzubringen, das ihnen besonders gut gefällt. Konkreter noch kann die Aufgabe lauten, dass es ein Kinderbild sein soll. Durch diese Einschränkung wird direkt der kindliche Anteil angesprochen und kann als Ressource nutzbar gemacht werden. Außerdem tragen die Kindheitsbilder oft zu einer sehr humorvollen Unterhaltung bei, noch bevor überhaupt etwas gesagt wurde. Bilder sprechen eben für sich. Der Erzähler kann nun anhand des Bildes Dinge über sich preisgeben. Der Zuhörer kann das Bild auf sich wirken lassen, erste Eindrücke wiedergeben und Spekulationen über die weitere Entwicklung anstellen.

Weitere Einsatzmöglichkeiten

Wenn es eine Kennenlernrunde gibt, dann gibt es auch eine Abschiedsrunde. Diese sollte mehr sein als eine persönliche Zusammenfassung und ein Feedback und auch eine gegenseitige Rückmeldung an die anderen Teilnehmer enthalten. Doch oft wird darauf verzichtet, weil die Sachinhalte stark im Vordergrund stehen. Ich finde, gerade die Beziehungsqualität auch innerhalb der Gruppe leistet einen entscheidenden Beitrag für das Lernklima und die Lernergebnisse. Auf deren Reflexion zu verzichten wäre schade. Gerade bei mehrtägigen Seminaren mache ich damit sehr gute Erfahrungen, weil auch gruppendynamisch einiges passieren kann. Deshalb animiere ich die Teilnehmer, in der Abschlussrunde Bezug auf die Bilder zu nehmen: Was hat sich an meinem ersten Eindruck geändert bzw. bestätigt? Was ist mir an mir selbst deutlich geworden?

Die Methode eignet sich auch sehr gut für kleine Runden. In Führungskräftetrainings mit nur vier oder fünf Teilnehmern beispielsweise gebe ich mehr Zeit für das Erzählen und das Zeichnen. Ohne zeitliches Limit verlangsamt das Malen den Prozess, und das ist eine besonders schöne Nebenwirkung bei dieser Übung. Der Zeichner kann vertiefende Fragen stellen, um daraus Impulse für seine Bildgebung zu erhalten. Wenn zum Beispiel jemand erzählt, dass er gerne handwerkelt, kann die vertiefende Frage sein, um was für ein Handwerk es sich denn handelt. Die Antworten hierauf und die dazu nötigen Kompetenzen (geschulter Blick, ruhige Hand, Kraft etc.) können sich dann im Bild wiederfinden.

Technische Hinweise

Gruppengröße: drei Teilnehmer und mehr

Material: Papier, diverse Stifte

Dauer: ca. 20–30 Minuten

Vorbereitung: keine

Meine ganz eigenen Ideen zur Methode

_____
_____
_____
_____
_____
_____

2.17 Löcher in den Himmel starren

Die Fantasie anregen durch körperlichen Perspektivwechsel

Ziel

Körperliche Bewegung fördert geistige Beweglichkeit. Ich bin ein großer Freund von räumlichen Perspektivwechseln und versuche damit, sooft es geht, neue Einblicke durch neue Ausblicke zu schaffen. Gerade wenn der Blick wie festgefahren oder eingefroren ist, hilft diese Übung, eine neue Sichtweise anzustoßen. In Beratung, Coaching und Training arbeitet man hier in der Regel mit der Meta-Perspektive: Wir schauen von draußen auf die Situation. Diese Blickrichtung drehe ich in dieser Methode um: Wir schauen von innen hoch zur Situation, und zwar aus einer eher ungewöhnlichen Perspektive.

Meine Idee dahinter / Ablauf

Ich wandere sehr gerne, und bei einer meiner diversen Touren kam mir die Idee zu dieser Übung. Auch wenn der Weg das Ziel ist, sind gerade die Pausen für mich unglaublich inspirierend. Vor allem dann, wenn ich in die Landschaft blicken und die Aussicht genießen kann. Eine meiner Lieblingspositionen ist es, im Gras zu liegen: Ich spüre den Boden unter mir, nehme die Gerüche der Natur wahr, lausche und richte den Blick nach oben – manchmal in den blauen Himmel, manchmal auch in eine Baumkrone. Da erspinne ich mir „das Blaue vom Himmel" oder ich starre einfach „Löcher in den Himmel". Ich finde, das ist eine wunderbare Beschäftigung. Mein Himmel müsste inzwischen durchlöchert sein wie ein Schweizer Käse. Ich glaube, dass ich durch das Löcher-Starren die Grenzen meiner Komfortzone durchlässiger mache. Vielleicht sind diese Löcher eine Art „Ausweg aus der vertrauten Welt".

Im Seminar lade ich die Teilnehmer dazu ein, am Ende einer Lösungssuche, vor einer Pause oder auch am Ende eines Seminartages mit mir den Raum zu verlassen. Wenn es eine angrenzende Wiese gibt, in die wir uns gemeinsam legen können, ist das natürlich ideal. Wer das nicht mag, eine Grasallergie oder Angst vor Grasflecken hat, der macht es sich auf einem Stuhl bequem, den Blick in den Himmel gerichtet. Dann bitte ich darum, einfach den Blick nach oben wandern zu lassen und sich einen „Augen-Blick" dafür Zeit zu nehmen.

In der Regel defokussiert der Blick nach einiger Zeit, das heißt, er wird durch die Entspannung unklarer, die Konturen verschwimmen. Leichte Tagträume und eine

Art „Alltagshalluzination" sind unbedingt erwünscht, denn hier eröffnen sich neue Erfahrungs- und Erkenntnisräume. Beim Betrachten des Himmels sollen die „Himmelstarrer" Lösungsbilder über sich entdecken. Das können Wolkenformationen sein, Kondensstreifen, kreisende Vögel, das Blaue vom Himmel oder Astformationen. In kleineren Gruppen können sich die Anwesenden in der Liegeposition über die Bilder austauschen. Bei größeren Gruppen, etwa ab zehn Teilnehmern, empfiehlt es sich, die Eindrücke einfach zu sammeln und diese im Anschluss einander mitzuteilen. Dabei gebe ich keine inhaltlichen Vorgaben. Auch am Himmel gedeutete „Problem-" oder „Sorgenzeichen" haben ihre Berechtigung. Wenn sich nämlich in der anschließenden Gruppenrunde auch in diesen Problembildern erste Lösungsansätze entdecken lassen, wird es interessant. Die Ergebnisse können anschließend noch visualisiert werden. Dazu bietet es sich an, Wolken-Moderationskarten mit den Impressionen zu beschriften. Es entsteht so ein schönes Wolkenbild mit einer Vielzahl ganz unterschiedlicher Ausblicke.

Spielräume

Die Methode „Löcher in den Himmel starren" bietet sich besonders gut beim „Walk-and-Talk-"Coaching an: Dazu bin ich mit einer Gruppe tatsächlich in der freien Natur zu Fuß unterwegs und nutze Aussichtspunkte oder besondere Perspektiven für intensive Gespräche. Wenn es die Örtlichkeiten zulassen, legen wir uns mit den Köpfen zusammengesteckt in einen Kreis und starren in den Himmel. Das ist für die allermeisten Teilnehmer eine ganz tolle Erfahrung, weil es sofort ein intensives Zusammengehörigkeitsgefühl gibt. Manchmal entsteht kindliche Freude, weil das Liegen im Gras für viele leider keine Selbstverständlichkeit mehr ist. Für Gruppen hat diese Übung noch eine weitere schöne Bedeutung. Durch das Liegen im Gras ist der Blickkontakt ausgeschaltet. Man ist also darauf ange-„wiesen" (eben die Wiese!), sich anders aufeinander einzulassen: Wer spricht als Nächstes? Wem falle ich ins Wort? Das ist ein schönes Einfühlungstraining.

Wer keine Wiese in der Nähe des Seminarraums hat, kann diese Übung auch leicht in den Raum verlegen. Dazu habe ich ein großes Stück grünen Stoff im Gepäck, den ich als Wiese herrichte. Mit ein paar Deko-Blumen entsteht schnell der Eindruck einer Landschaft. Im Seminarraum unterstütze ich die Übung noch mit Musik. Besonders gut gefällt mir die Barcarole von Jaques Offenbach, weil sie so entspannend wirkt und eine Leichtigkeit vermittelt. Aber da dürfen Sie gerne mit Ihrem eigenen Geschmack experimentieren. Achten Sie nur auch hier wieder auf eventuelle GEMA-Gebühren.

Weitere Einsatzmöglichkeiten

„Löcher in den Himmel starren" ist keine reine Gruppenerfahrung, sondern in erster Linie eine Einzelleistung. Ja, Sie hören richtig, ich deute dieses Starren als Leistung, auch wenn es gemeinhin als „unnötiges Nichtstun" abgetan wird. Ich aber finde, gerade diese „lange Weile" des Schauens ist unglaublich entspannend und erweitert den Blick – zwei gute Voraussetzungen für die kreative Lösungssuche. Ich liege also auch in Einzelcoachings durchaus mit meinen Klienten auf dem Büroboden, bei Bedarf mit einem Kissen oder einer Decke unterstützt. Auch hier läuft im Hintergrund stimulierende Musik. Zwar habe ich im Büro keinen Himmelblick, aber allein die ungewöhnliche Position des „Zu-Boden-Gehens" fördert die Veränderung. Am Anfang steht meistens ein herzhaftes Lachen, denn bereits das Hinlegen ist für viele eine eigene Herausforderung: Oh je, die Knochen! Diese heitere Stimmung nehme ich dann mit in den weiteren Verlauf der Starrerei. Anstatt Wolken zu beobachten oder das Blaue vom Himmel zu lesen, entdecken wir die abwechslungsreiche Seite der Raufasertapete. Gelegentliche Verschlusszeiten der Augen sind dabei einkalkuliert. Auch hier notiere ich am Ende die Eindrücke auf Wolken-Karten.

Technische Hinweise

Gruppengröße: fünf Teilnehmer und mehr
Material: Wolken-Karten, Stift, Pinn- oder Magnetwand
Dauer: ca. 20–30 Minuten
Vorbereitung: ggf. grünen Stoff als Wiese herrichten

Meine ganz eigenen Ideen zur Methode

_____
_____
_____
_____
_____
_____
_____

2.18 Ich verstehe deine Frage nicht

Statt nach passenden Antworten zu suchen, die richtige Frage stellen

Ziel

In der Regel kommen die Teilnehmer ins Seminar, weil sie nach Antworten suchen: Wie werde ich überzeugender? Wie kann ich meinen Klienten noch besser begleiten? Wie erreiche ich mein Ziel xy? Anstatt mehr von dem zu tun, was die Teilnehmer ohnehin schon tun – mehr nach Antworten suchen –, will ich lieber wissen: „Ist die Frage, mit der der Teilnehmer kommt, wirklich hilfreich?" Möglicherweise ist nämlich die Frage selbst Bestandteil des Problems. Deshalb arbeiten wir so lange an der Frage, bis sie dazu taugt, neue Perspektiven zu eröffnen. Ganz nach dem Motto: „Eine gut gestellte Frage ist manchmal hilfreicher als die Antwort darauf." Oder: „Jetzt, wo mir meine Frage klarer wird, erkenne ich bereits die Antwort."

Meine Idee dahinter / Ablauf

In dem Buch „Was ist eigentlich Ihre Lieblingsfrage?" von Amelie Funcke und Axel Rachow habe ich einen ähnlichen Ansatz entdeckt. Die beiden Autoren wollen wissen: „Wie müssen wir unsere Fragen verändern?" Bereits im Vorfeld des Seminars bitte ich die Teilnehmer, für sich eine zentrale Frage zum Thema herauszuarbeiten. Der Arbeitsprozess startet manchmal also eine ganze Weile vor Seminarbeginn. Ich bin ein großer Freund dieser vorgezogenen Arbeitsaufträge. Sie ermöglichen bereits erste Erkenntnisse durchs eigene Tun und verstärken damit die Selbstwirksamkeit. Bei mehreren Fragen ist ein Ranking wichtig. Es geht um die Premium-Frage. Ob sie am Ende der Methode immer noch premium ist, wird sich dann zeigen.

Die Teilnehmer finden sich paarweise zusammen. Damit das nicht immer dieselben Paarungen sind, nutze ich gerne soziometrische Aufstellungen oder Raumläufe. Die beiden, die auf diese Weise zusammengekommen sind, ziehen sich in eine ruhige Ecke des Raumes zurück. Einer beginnt mit der Vorstellung seiner Leitfrage. Der Zuhörer erwidert darauf: „Ich verstehe deine Frage nicht." Diese Anmerkung ist als Aufforderung zu verstehen, die Frage umzuformulieren. Doch auch auf die neu entworfene Frage antwortet der Zuhörer: „Ich verstehe deine Frage nicht." Das kann eine ganze Weile so weitergehen und für den Fragesteller wirklich anstrengend werden. Das ist natürlich Absicht, denn die inneren Suchprozesse für eine Neukonstruktion werden länger und differenzierter. Hilfreich ist, wenn der Zuhörer die Fragen mitnotiert. Das gesamte Gespräch kann aber auch mit dem Mobiltelefon mitgeschnitten und die Ergebnisse so nutzbar gehalten werden. Wenn der Fragesteller „am Ende seines Lateins" angekommen ist und keine Neuformulierung mehr hat, schauen sich beide an, was sich an der Fragestellung verändert hat: Was wurde deutlicher, was fiel weg?

Die Übung kann fortgesetzt werden, indem der Zuhörer nun ebenfalls nach Fragevarianten sucht und diese dem Fragesteller anbietet. Anstatt diese sofort auf mögliche Antworten zu untersuchen, lässt er die Fragen unkommentiert wirken – sie ergänzen seine Fragensammlung.

Im Anschluss kommen alle Teilnehmer im Plenum zusammen und berichten über ihre Erfahrungen und die Veränderungen der Fragen.

Spielräume

Auch die Anmerkung „Ich verstehe deine Antwort nicht" kann zu sehr aufschlussreichen Aussagen führen. Ich habe diese Variante als „Und-dann?"-Übung kennengelernt. Jede Antwort erwidert der Zuhörer mit der kurzen Rückfrage „Und dann?" Der Sprecher wird dadurch herausgefordert, die Folgen seiner Antwort (oder das Ziel hinter dem Ziel) zu benennen. Mit der Zeit wird es auch hier immer schwieriger, eine Antwort zu finden, die Denkzeiten werden spürbar länger. Am Ende der Und-dann-Kette steht meistens ein besonderer Wert oder ein Bedürfnis, der oder das dem Antwortenden wichtig ist. Insofern ist diese Übung eine tolle Möglichkeit, um in Seminaren an der Werteklarheit zu arbeiten.

Eine weitere Möglichkeit besteht darin, dass alle Teilnehmer ihre zentralen Fragen auf Metaplankarten schreiben. Diese werden in einem Fragenraum ausgestellt. Ich symbolisiere diesen Raum durch ein großes Fragezeichen. Das kann ein separater Raum sein oder ein durch Pinnwände oder Raumteiler abgetrennter Bereich des Seminarraums. In einem anderen Bereich findet sich dann der Antwortenraum, symbolisiert durch ein großes Ausrufezeichen. Jeder Teilnehmer ist nun aufgefordert, die ausgestellten Fragen durch weiterführende Fragen oder eine Modifikation der Ausgangsfrage zu erweitern. Dadurch entstehen ganze Fragensammlungen. Bei Fortbildungen mit Coaches und Trainern werden diese Fragen oft fotografiert, weil sie tolle Impulse für kluges Fragen liefern.

Weitere Einsatzmöglichkeiten

Der Hinweis „Ich verstehe deine Frage nicht" kann grundsätzlich im laufenden Prozess immer mal wieder auftauchen. Die Teilnehmer sind eingeladen, sich gegenseitig durch entsprechende Anmerkungen (z. B. auch „Kannst du mir den Hintergrund deiner Frage bitte erklären?") genauer über die Frage auszutauschen, bevor sie nach Antworten suchen.

Auch in der Konfliktberatung ist diese Übung als Gesprächseinstieg sehr hilfreich. Hier wird nämlich das Nachfragen nicht als Ausweichmanöver gedeutet, sondern als fester Bestandteil der Kommunikation sogar gefordert.

Auch in Paarberatungen kommen die Partner meistens mit unterschiedlichen Fragestellungen oder bereits vorgefertigten Antworten. „Ich verstehe deine Frage nicht" nimmt ein gutes Stück Dynamik aus der Situation, verlangsamt also den Prozess und „verordnet" nochmal das genaue Hinhören und das präzise Formulieren.

Ganz allgemein ist die Methode eine geniale Wortschatzübung. Die Teilnehmer werden ein ums andere Mal herausgefordert, sich anders (und möglichst exakter) auszudrücken. „Mit anderen Worten" ist eine schöne Variante. Die Teilnehmer werden aufgefordert, zu ihrer Problembeschreibung (oder zu ihrer Frage) alternative Wörter im Internet zu recherchieren. Dabei entstehen bereits neue Wirklichkeitskonstruktionen und erste Lösungsansätze.

Technische Hinweise

Gruppengröße: sechs Teilnehmer und mehr
Material: Metaplankarten und Stifte, ggf. Mobiltelefone
Dauer: ca. 15–20 Minuten
Vorbereitung: ggf. Raum beschriften / Piktogramme vorbereiten

Meine ganz eigenen Ideen zur Methode

_____

_____

_____

_____

_____

2.19 Stolpersteine

Die eigenen großen oder kleinen Stolpersteine als festen Boden unter den Füßen erkennen

Ziel

Stolpersteine fallen uns erst auf, wenn wir den Blick auf den Boden richten. Wenn wir „erhobenen Hauptes" durch die Welt laufen, gehen wir achtlos an ihnen vorüber. Stolpersteine kennt jeder von uns, zum Beispiel in Form von hinderlichen Glaubenssätzen, unerfüllbaren Erwartungen oder blockierenden Beziehungen. Die Methode unterstützt dabei, unsere Aufmerksamkeit gezielt in Richtung dieser Stolperstellen zu lenken und uns mit ihrer Geschichte auseinanderzusetzen. Durch die Visualisierung am Boden wird ein Weg gepflastert, der nicht nur Stolperstellen bereithält, sondern auch ein tragfähiger Unterbau ist.

Meine Idee dahinter / Ablauf

Inzwischen sind die kleinen im Boden eingelassenen Gedenktafeln sogar patentrechtlich geschützt. Sie erinnern an die vielen Toten aus der Zeit des Nationalsozialismus. Deutschland- und europaweit sind sie an vielen Stellen in den Boden eingelassen. Mich erinnern sie außerdem ans Innehalten und Nachdenken über meine eigenen Stolperstellen, die meinen Lebensweg pflastern. Aus diesem Gedanken heraus kam auch die Idee für diese Übung.

Die Teilnehmer werden aufgefordert, für sie „typische Stolpersteine" auf vorbereitete Metaplankarten zu notieren. Diese Stolpersteine sollen in einer Beziehung zum Seminarthema stehen. Aus der Überzeugung, dass die Anwesenden „Problemexperten" sind, rufe ich das Wissen darüber ab, wie sie diese „Probleme" konstruieren. Als Steinvorlagen dienen mir gelbe Metaplankarten, die ich als ca. 10 x 10 cm große Quadrate zurechtgeschnitten habe. Alle beschrifteten „Steine" werden auf einen schwarzen, ausgebreiteten Stoff gelegt, sodass ein starker Kontrast entsteht. Weitere Steine in der Umgebung unterstreichen die Metaphorik. Mit der Zeit entsteht eine Art Verbundpflaster: Die niedergelegten Steine greifen mehr oder weniger stark ineinander.

Die Teilnehmer erkennen, dass sie mit ihren Stolpersteinen nicht alleine sind und dass es weitaus mehr als die ihnen bekannten Möglichkeiten gibt, sich Stolperstellen zu schaffen. Interessant ist dabei die Frage: „Welche Stolpersteine der anderen haben für mich gar keine Bedeutung? Wie schaffe ich das? Welche Ressourcen stehen dahinter?" Mit diesen Fragen kann die Übung fortgesetzt werden in Richtung „Steine aus dem Weg räumen". Die Teilnehmer kommentieren gegenseitig die fremden Stolpersteine, äußern ihre Erfahrungen damit und zeigen mögliche Lösungen auf. Ressourcen und Lösungsideen können auf der Rückseite der Stolpersteine schriftlich festgehalten werden. So stehen sie dem Urheber auch nach dem Seminar noch zur Verfügung.

Spielräume

Stolpersteine können leicht zu Fettnäpfchen werden, wenn sie auf die Beziehungsebene ausstrahlen. Daher kündige ich diese Methode gelegentlich auch als Fettnäpfchen-Analyse an. Besonders dann, wenn ich Seminare zum Thema Kränkungen halte. Hier haben Fettnäpfchen eine ganz besondere Bedeutung, denn sie lauern sozusagen hinter jeder Ecke: Je sensibler und kränkungsanfälliger der Kommunikationspartner ist, umso mehr Fettnäpfchen scheinen in unserer Umgebung auf uns zu warten. Und wir lassen keines aus.

Der Ablauf ist ähnlich wie bei den Stolpersteinen. Die Teilnehmer notieren allerdings ihre Beiträge nicht auf gelbe Metaplankarten, sondern halten die Fettnapfgeschichten in ein paar Zeilen auf einem weißen Blatt Papier fest. Dieses übergeben sie dann in einen eigens dafür bereitgestellten Fettnapf. Besonders aussagekräftig ist es, wenn jeder Teilnehmer seinen eigenen Fettnapf zum Füllen bekommt. Dafür geeignete Aluschüsseln sind in jedem Ein-Euro-Shop zu haben. Wer mag, kann nun sein Fettnäpfchen in die Mitte der Gruppe stellen und signalisiert damit, dass er an Kommentaren der anderen Teilnehmer sehr interessiert ist. Wenn mehrere Zettel im Napf liegen, werden nacheinander die einzelnen Geschichten von anderen Anwesenden gezogen und vorgelesen. Auch hier dient die Gruppe als „Reflecting Team" und teilt eigene Erfahrungen wie auch Lösungsideen mit.

Eine weitere Variante ist der „Flickenteppich". Probleme und ihre Symptome sind gescheiterte Lösungsversuche. Also kann aus dem Zusammenfügen von vielen Problemkarten auch ein „Lösungsflickenteppich" entstehen. „Welche Frage oder Problemschilderung der anderen beinhaltet bereits einen Lösungsansatz für mein eigenes Thema?" Es ist spannend zu entdecken, dass das Problem des einen die Lösung des anderen sein kann.

Weitere Einsatzmöglichkeiten

Die Methode kann auch zur weiteren thematischen Vertiefung oder zum Resümee herangezogen werden. „Darüber bin ich noch gestolpert" kann dann die Einleitung heißen. Die Fragen oder offenen Themen werden dann entsprechend visualisiert und wieder „auf den Weg gebracht". Durch das Abarbeiten der offenen oder unklaren Punkte wird der Weg immer klarer.

Die Übung ist ebenso im Einzelcoaching wie in der Supervision einsetzbar. In der Arbeit mit Einzelklienten gebe ich die Identifikation einzelner Stolpersteine manchmal als Hausaufgabe mit auf den Weg. Der Alltag liefert genügend Beispiele, wo Klienten immer wieder ins Stolpern kommen. In der Supervision kann der Supervisand seine eigenen Stolpersteine benennen und/oder das Team arbeitet sie aus der Fallgeschichte heraus.

Technische Hinweise

Gruppengröße: sechs Teilnehmer und mehr
Material: gelbe Metaplankarten und Stifte, schwarzer Stoff
Dauer: ca. 15–20 Minuten
Vorbereitung: Metaplankarten zu Quadraten zurechtschneiden, Stoff auslegen

Meine ganz eigenen Ideen zur Methode

_____
_____
_____
_____
_____
_____
_____
_____

2.20 Das Kamishibai

Komplexität reduzieren, Aufmerksamkeit lenken und einen neuen Rahmen schaffen

Ziel

Der Rahmen, den wir einem Inhalt geben, bestimmt maßgeblich dessen Bedeutung mit. Diesen Rahmen habe ich wörtlich genommen und lenke mit ihm die Aufmerksamkeit der Teilnehmer auf ganz besondere Stichworte oder Bilder.

In Seminaren ist die Informationsdichte oft groß, der gewünschte Dialog fördert unterschiedliche Perspektiven und die Energie ist unterschiedlich verteilt. Mit dem Kamishibai bündele ich die Aufmerksamkeit auf einen konkreten Punkt. Als Seminarleiter baue ich einen Spannungsbogen auf, trete selbst dabei aber in den Hintergrund.

Meine Idee dahinter / Ablauf

Das Kamishibai habe ich bei einer Freundin kennengelernt, die es seit Jahren erfolgreich im Kindergarten einsetzt, um Geschichten zu entwickeln und zu erzählen. Sie lässt die Kinder eigene Geschichten entwerfen, deren Handlung zunächst aber nur in groben Zügen abgesteckt wird. Danach werden zu jeder Episode Bilder gemalt und es entstehen zusammenhängende Bildgeschichten. Sie erinnern mich an mittelalterliche Bildtableaus, mit denen Bänkelsänger durch die Lande zogen, um ein Publikum zu unterhalten und zu informieren, das meistens nicht lesen konnte.

Das Kamishibai ist ursprünglich eine Form der japanischen Volkskunst (*kami* = Papier, *shibai* = Schauspiel, Theater). Bereits im 10. Jahrhundert nutzen es Wandermönche zur Verbreitung der buddhistischen Lehre. Im 20. Jahrhundert zogen fliegende Händler mit Holzrahmen über die Lande, in die sie wechselnde Bilder einschoben, um Kunden auf sich aufmerksam zu machen.

Und das ist mein Kamishibai: ein Rahmen mit zwei Seitenflügeln. Da diese Präsentationsform einfach außergewöhnlich ist, weckt sie die Neugier der Zuschauer, und zwar viel stärker, als die perfekteste Beamerpräsentation es vermag. Den Zuschauerraum inszeniere ich ähnlich einem Kino oder Theater.

Die Klappen des Rahmens sind zunächst geschlossen. Bevor ich sie öffne, kündige ich die Präsentation durch eine Art „verbalen Vorspann" an. Mit einer kleinen Lampe, die das Bildtheater anstrahlt, und einem schwarzen Stoff als Unterlage auf dem Tisch wird der Seminarraum im Handumdrehen zum Vorführraum. Und was präsentiere ich? Zum Beispiel die (vorläufige) Agenda, Abfrageergebnisse aus der Seminarvorbereitung oder auch eine Geschichte, die ins Thema einführt. Am Ende eines Tages fasse ich auch Kernaussagen, die ich mir zwischendurch notiert habe, mithilfe des Kamishibai zusammen. Damit rahmt die Methode nicht nur auf außergewöhnliche Weise den Seminartag, sondern sie wird auch durch die Gruppe belebt. Die Teilnehmer können das Stück quasi mitgestalten. Das Kamishibai lädt auch dazu ein, die Präsentation zu filmen, um sie über die Veranstaltung hinaus verfügbar zu haben.

Spielräume

Ich habe mir ein Kamishibai aus Holz angeschafft, das bei meinen vielen Fahrten mit dem Zug nicht so leicht beschädigt wird. Sie können sich aber auch leicht eines aus einem flachen Karton basteln. Das Fenster sollte etwas kleiner als DIN-A3 sein. Dieses Format hat sich für mich bewährt, da es ausreichend Platz für Informationen bietet und auch aus der dritten Reihe noch gut gesehen werden kann.

Wer es lieber „bewegt" mag, kann aus einem großen Karton eine Fernsehfront basteln. Ich schneide nur den Bildschirm aus und male an den unteren Rand Knöpfe, wodurch der Eindruck eines (zugegeben antiquierten) Fernsehers entsteht. Dem Gesamteindruck und dem Spaß schadet das aber keineswegs. Die Teilnehmer sind nun eingeladen, sich hinter den TV-Rahmen zu setzen und einen Kommentar abzulassen, so ähnlich wie wir ihn aus Nachrichtensendungen kennen.

Oder vielleicht waren Sie schon mal auf einer Feier, bei der man den Gästen einen Bilderrahmen in die Hand drückte, durch den sie schauen sollten, um „gerahmt" fotografiert zu werden? Auch das ist eine mögliche Variante: Die Teilnehmer schnappen sich den Rahmen und kommentieren den Tag oder einzelne Programminhalte. Und auch hier bietet sich das Fotografieren an – unbedingt!

Weitere Einsatzmöglichkeiten

Das Kamishibai fordert geradezu dazu auf, eine eigene Geschichte zu entwickeln und diese „in den Kasten" zu bringen. Die ganze Gruppe oder auch Kleingruppen bekommen beispielsweise die Aufgabe, eine Art „Problemgeschichte" oder „Lösungsgeschichte" zu erarbeiten und diese vorzustellen. Als roter Faden dient mir dazu immer das Motiv der „Heldenreise". Aber auch ganz konkrete Märchen und andere

Geschichten können als Vorlage dienen, die das Seminarthema aufgreifen und dann von den Teams neu geschrieben werden. Wenn Sie mehr über den Aufbau der „Heldenreise" erfahren möchten, finden Sie im Internet viele Informationen dazu.

Auch „Systemgeschichte" kann auf diese Weise aufgearbeitet werden. Jahre oder gar Jahrzehnte werden zusammenfasst und dadurch wird eine Entwicklung verdeutlicht.

Die Ergebnisse von „Ich mache mir ein Bild von dir" (2.16, Seite 81) können ebenfalls mit dem Kamishibai präsentiert werden. Ich sammle dann alle Bilder ein und stecke sie zusammen in den Rahmen. Der Vorteil ist, dass dadurch automatisch die Reihenfolge feststeht und es einen zentralen Aufmerksamkeitspunkt gibt.

Eine sehr heitere Spielart ist das freie und spontane Erfinden von Geschichten. Diese Möglichkeit bietet sich zum Beispiel bei Kommunikationstrainings an oder als Übung zur Schlagfertigkeit. Das ähnelt dem Improvisationstheater, wenn das Publikum den Schauspielern Stichworte zuruft, die ins Spiel eingebaut werden müssen. Im Seminar notiert jeder Teilnehmer einen Begriff auf ein DIN-A3-Blatt. Alle Blätter werden gemischt und dann in den Rahmen gesteckt. Nach und nach deckt der Seminarleiter die Begriffe auf, die in eine ad hoc entstehende Geschichte eingebaut werden müssen. Das Ganze funktioniert natürlich auch mit Bildmotiven, die statt der Wörter auf Papier gebracht wurden. Spontaneität und Kreativität lassen oft herzerfrischende und überraschende Ideen entstehen: für Produktinnovationen, zur Beilegung von Konflikten oder zur Visionsentwicklung. Die Einsatzmöglichkeiten sind vielfältig.

Technische Hinweise

Gruppengröße: sechs Teilnehmer oder mehr
Material: Kamishibai (gekauft oder gebastelt), schwarzer Stoff, Lampe
Dauer: ca. 20–30 Minuten
Vorbereitung: Kinobestuhlung, Bühne mit Stoff und Lampe herrichten

Meine ganz eigenen Ideen zur Methode

_____
_____
_____
_____

2.21 Seitensprung

Vorübergehend die gegenteilige Meinung vertreten und dadurch die Perspektive erweitern

Ziel

Einen anderen Standpunkt einzunehmen fällt viel leichter, wenn ich auch den Ort wechsle, an dem ich stehe. Die räumliche Veränderung unterstützt die veränderte Perspektive und ermöglicht zusätzliche Einblicke in ein (oft komplexes) Thema. Das Ziel ist also eine differenziertere Wahrnehmung durch einen „Lagerwechsel ins Gegenteil".

Die Teilnehmer merken, dass oft nur in Stereotypen gedacht wird und „Grauzonen" leicht aus dem Blickfeld geraten. Das ist vor allem dann der Fall, wenn Gruppen eine Art „Fraktionszwang" ausüben und die Teilnehmer sich der Gruppenidentität unterwerfen. Die Übung macht auch erlebbar, dass wir oft von einem Extrem ins andere fallen und dass daraus das typische Schwarz-Weiß-Denken entsteht.

Meine Idee dahinter / Ablauf

Seitensprünge assoziiert man eher mit einer außerpartnerschaftlichen sexuellen Beziehung. Und eine Diskussion im Freundeskreis über Seitensprünge brachte mich auf die Idee zu dieser Übung. Wir diskutierten damals sehr emotional über das Fremdgehen. Werte wie Treue, Vertrauen, Ehrlichkeit, Verantwortung und Liebe waren zentrale Begriffe. Relativ schnell bildeten sich zwei Lager: die „Konservativen" und die „Toleranten". Stereotype machen Diskussionen zwar undifferenziert, aber die Konfrontation schafft einen spannenden und lebhaften Disput. Und ich habe es schon mehrfach erlebt, dass sich manch einer (zum Teil wirklich überraschend) auf die völlig andere Seite geschlagen hat. Ich frage mich dann: „Hast du nicht gestern noch genau das Gegenteil erzählt?" Aber wie wechselhaft auch immer die innere Meinungsfahne ist: Als aufschlussreiches und oft auch sehr lustiges Herangehen im Rahmen eines Seminars taugt sie bestens.

Ich teile die Gruppe in zwei Hälften. Um eine schöne Durchmischung zu ermöglichen, bediene ich mich soziometrischer Aufstellungen (der Größe nach, dem Alter nach, der Betriebszugehörigkeit nach ...) oder ich nutze Raumläufe zur Paarbildung (spontan Zweier-Atome bilden, Blickkontakte herstellen, Lieblingsschuhpaare aussuchen lassen etc. Unter dem Stichwort „Raumläufe" finden sich im Internet viele weitere Anregungen).

Die beiden Gruppen setzen sich frontal gegenüber und allein diese räumliche Anordnung wirkt konfrontativ. In einer der beiden Gruppen gibt es einen freien Platz, der vorerst auch unbesetzt bleibt. Beide Parteien haben nun die Aufgabe, zum Seminarthema (zum Problem, zur Aufgabe, zur Frage …) polarisierende, gegenteilige Standpunkte zu entwickeln, zu vertreten und für diese zu argumentieren.

Je nach Briefing durch den Seminarleiter sind die Regeln für diesen Austausch enger oder weiter gesetzt. Darf immer nur ein Teilnehmer sprechen? Geht es im Wechsel, oder „erkämpft" man sich die Redeanteile? In Seminaren zu Themen wie Deeskalationstraining oder gruppendynamische Prozesse gebe ich nur wenige Regeln vor, weil die Kraft des Wortes dann umso deutlicher wird.

Wenn nach einer Weile ein Teilnehmer der Gruppe ohne leeren Stuhl seinen Standpunkt verlassen möchte, um sich auf die andere Seite zu schlagen, steht er auf und setzt sich auf den leeren Stuhl gegenüber. Sein eigener Platz wird so frei und wartet darauf, von einem Wechsler der gegnerischen Fraktion besetzt zu werden.

Besonders lustig wird es, wenn sich zwei Teilnehmer gleichzeitig in Richtung leerer Stuhl auf den Weg machen, aber nur einer darauf Platz nehmen darf. Einer muss zurückkehren und hat sich nun als „Vaterlandsverräter" enttarnt, der nicht selten den gesammelten Spott der Gruppe abbekommt.

Den Schlagabtausch lasse ich selten länger als etwa zehn Minuten laufen, weil sich sonst die Kraft der Worte und die Dynamik zu sehr abnutzen. Allerdings braucht es am Anfang erfahrungsgemäß auch erst ein bis zwei Minuten, bis sich erste Wortmelder nach vorne trauen. Ist das Eis aber gebrochen, macht es den Teilnehmern sehr viel Spaß, sich auf einen Seitensprung einzulassen.

Ganz wichtig ist für mich die sich anschließende Auswertung: Wie gut hast du dich in deiner „geistigen Heimat" aufgehoben gefühlt? Wie stark hat dich die Gruppe geprägt? Wann kamen dir erste Argumente für das Gegenteil in den Kopf? Hast du mehrfach die Seite gewechselt? Wann und warum? Und so weiter.

Spielräume

Wenn man davon ausgeht, dass jedes Ding mehr als zwei Seiten hat, kann man den Seitensprung auch wunderbar mit mehr als zwei Parteien inszenieren. Ich nehme einfach weitere Seiten (Aspekte, Perspektiven) hinzu und lasse dazu kleine Gruppen bilden. So ähnlich hat z. B. auch Walt Disney Fragen oder Themen mehrperspektivisch betrachtet mit seinen drei Räumen des Träumers, Realisten und Kritikers, was später als Disney-Methode bekannt wurde. Der Verlauf beim mehrperspektivischen Seitensprung ist so ähnlich wie beim zweiseitigen. Auch hier lasse ich bei einer der beteiligten Parteien einen Stuhl leer, der dazu einlädt, einen anderen Platz einzunehmen.

Wenn ich mit kleineren Gruppen arbeite, kann jeder der Anwesenden einen eigenen Standpunkt vertreten. Der „leere Stuhl" steht dann für die bisher noch gar nicht gesehenen Perspektiven oder noch ungestellten Fragen.

Bei der Arbeit mit mehreren Standpunkten ist es m.E. ratsam, die einzelnen Positionen durch Metaplankarten schriftlich zu kennzeichnen. So bleibt allen Teilnehmern bei den Wechseln klar, welche Position wo zu vertreten ist.

Weitere Einsatzmöglichkeiten

Den Seitensprung nutze ich ganz spontan, wenn sich plötzlich kontroverse Diskussionen entwickeln. Manchmal zeichnet sich aber bereits bei der Auftragserteilung ab, dass es zwei „Lager" gibt. Das kann Teil des Problems sein, denn die Fronten sind oft verhärtet. In solchen Fällen ist es umso wichtiger, dass die Gruppen gut durchmischt gebildet werden und sich nicht gleich zu gleich gesellt. Die Teilnehmer werden dann angeleitet, einen Seitensprung von ihrer festen Überzeugung ins gegnerische Feld zu machen – und zurück. Einen Seitensprung als Lösungsansatz verordnet zu bekommen – das wünscht sich wohl so mancher. Hier ist das möglich.

Im Psychodrama ist der Seitensprung als Stuhlarbeit bekannt. Unterschiedliche Perspektiven werden eingenommen, indem man sich jeweils auf einen anderen Stuhl setzt. Deshalb eignet sich der Seitensprung auch gut für die Arbeit mit Paaren und sogar mit Einzelklienten.

Technische Hinweise

Gruppengröße:	zehn Teilnehmer und mehr
Material:	Stühle
Dauer:	ca. 10–15 Minuten
Vorbereitung:	Stühle entsprechend arrangieren; eine Möglichkeit für die Gruppenbildung überlegen

Meine ganz eigenen Ideen zur Methode

2.22 Arschengel

Die hilfreichen Botschaften erkennen, die „schwierige" Persönlichkeiten für uns bereithalten

Ziel

Wer in Wut und Ärger über andere Menschen stecken bleibt, der verpasst womöglich wichtige Botschaften für die eigene Entwicklung. Ziel der Übung ist es, die eigenen Projektionen und Widerstände zu erkennen und den „Arschengel" als Spiegel zu verstehen, der für unsere Selbsterkenntnis wichtig ist. Dieser humorvolle Ansatz und die persönlichen Geschichten verdeutlichen sehr schön, dass jede Geschichte auch anders erzählt werden kann.

Meine Idee dahinter / Ablauf

Dem „Arschengel" bin ich zum ersten Mal in einem Vortrag von Robert Betz begegnet. Die Methode lebt im Wesentlichen von der Kraft des Wortes „Arschengel", das in den allermeisten Fällen sofort ein Lächeln ins Gesicht der Teilnehmer zaubert. Ich führe den Begriff immer dann ein, wenn sich jemand kritisch über einen anderen Menschen äußert, es zu Schuldzuweisungen kommt oder ganz einfach „Andersartigkeit" und „Fremdheit" als schwierig empfunden werden.

In seinem Buch „Willst du normal sein oder glücklich?" beschreibt Robert Betz den Arschengel so: „Auch wenn wir diese Menschen nicht leiden können [...] – die ungeliebten Zeitgenossen sind in Wahrheit die wichtigsten Menschen für uns auf dem Weg ins Glück und in den Frieden mit uns selbst und dem Leben. [...] Und solange wir noch nicht begriffen haben, weshalb ausgerechnet diese ‚Idioten', ‚Blödmänner', ‚Scheißtypen', ‚Zicken' oder ‚Arschlöcher' Engel sein sollen, nennen wir sie vorübergehend unsere ‚Arschengel'. Wenn wir dann erkennen, dass der vermeintliche ‚Arsch' in Wirklichkeit tatsächlich ein ‚Engel' für uns war, fällt der ‚Arsch' vom ‚Arschengel' ab und der Engel bleibt übrig."

Wenn ich die Übung kurz vorstelle, erzähle ich gerne von eigenen Arschengel-Erfahrungen, damit die Teilnehmer eine noch konkretere Vorstellung von deren Bedeutung bekommen. Dann lege ich einen blauen Stoff aus und arrangiere mit Watte ein paar Wölkchen, damit eine etwas „himmlische Atmosphäre" entsteht. Engelkarten sind mit ein paar Handgriffen aus Metaplankarten schnell selbst gemacht. Dann gebe ich allen Anwesenden etwas Zeit, um nach Arschengeln in ihrem Leben zu suchen. Wer einen (oder mehrere) identifiziert hat, greift sich einen Engel und platziert ihn im Himmel. Die Geschichte dazu folgt später.

Wer mag, kann seinem Engel noch einen Namen geben und ihn als Symbol später mitnehmen. Wenn sich der Himmel nach und nach mit Engeln füllt, ergibt das ein sehr schönes Bild und für die Teilnehmer wieder ein attraktives Fotomotiv.

Spielräume

Alternativ zu den Arschengeln kann man natürlich den Himmel auch voller „Arschgeigen" hängen. Sind alle Geigen platziert, lassen sich Bezüge zur Musik herstellen. So kann man sich fragen, welche Melodie gespielt wird und wie aus dem Moll vielleicht ein Dur werden kann. Kleine Geigen lassen sich ebenfalls recht einfach aus Metaplankarten ausschneiden. Ich zeichne die Konturen mit Bleistift vor und schneide eine Vorlage aus, die mir als Schablone für alle weiteren Geigen dient. Ähnlich verfahre ich übrigens auch mit anderen Symbolen.

Wer es lieber etwas irdischer mag, kann die Methode auch unter dem Namen „Sau-Freund" mit kleinen Schweinen anbieten oder ganz modern als „Pain-Buddy". Egal, mit welchem Bild Sie arbeiten: Irgendwann bleibt nur noch der zweite Teil des Wortes übrig.

Weitere Einsatzmöglichkeiten

Wie beim Schrottwichteln (2.7, Seite 50) geht es auch hier darum, eine neue Perspektive einzunehmen und so einen neuen Rahmen zu schaffen. Die Arschengel-Übung kann deshalb überall dort zum Einsatz kommen, wo ein erweiterter Blick hilfreich ist (also fast immer). Sehr gewinnbringend kann die Übung in der Organisations- und Personalentwicklung sein. Ob in Teams oder in der Beziehung Mitarbeiter – Vorgesetzter: Arschengel sind ein häufig anzutreffendes Phänomen.

Besonders effektiv ist die Methode auch im Einzelcoaching. Der Klient kann auf kleine Karten sämtliche Botschaften schreiben, welche der Arschengel für ihn bereithält, und diese neben dem Engel platzieren.

Technische Hinweise

Gruppengröße: sechs Teilnehmer und mehr
Material: blauer Stoff, Watte, Engelkarten
Dauer: ca. 15 Minuten
Vorbereitung: Engel ausschneiden, Himmel arrangieren

Meine ganz eigenen Ideen zur Methode

___
___
___
___
___
___
___
___
___
___
___
___
___
___
___
___
___
___

2.23 Expertensprechstunde

Die vorhandenen Ressourcen unter den Teilnehmern nutzen

Ziel

Meine Überzeugung lautet: Jeder Mensch ist auf irgendeinem Gebiet Experte. Und manchmal ist es sicher hilfreich, sich dieser Kompetenzen bewusst zu werden. Besonders für eine Gruppe ist es nützlich, Expertenwissen zu identifizieren und es dann für den Prozess und das Ziel nutzbar zu machen. Genau dieses implizite Wissen soll die Expertensprechstunde an die Oberfläche bringen.

Meine Idee dahinter / Ablauf

Im Frühjahr 2017 habe ich mit vier Kollegen eine Genossenschaft gegründet, mit dem Namen „Wandel Agentur" (↗ http://www.wandel-agentur.de). In unserem fünfköpfigen Team beraten wir kleine und mittlere Unternehmen zu allen Fragen des Unternehmenswandels. Das Besondere an unserer Agentur ist der interdisziplinäre Austausch von Experten: Jeder von uns hat seine absoluten Spezialgebiete, und im Sinne des Kunden vernetzen wir dieses Wissen. Aus dieser Arbeit heraus kam mir die Idee zur Methode „Expertensprechstunde".

Expertenwissen muss nicht immer fachliches Know-how auf einem konkreten Gebiet sein. Oft ist es viel spannender, sich die „direkt alltagstauglichen Expertisen" genauer anzuschauen: Der Witzeerzähler steht für Humorkompetenz, der Nachfrager für Fragekompetenz und der aufmerksame Beobachter für Wahrnehmungskompetenz. Wer vieles behalten kann, steht für Merkfähigkeit, der Schlüsse-Zieher für Kombinierfähigkeit etc. In der Regel braucht es gar nicht lange und die besonderen Kompetenzen und Fähigkeiten werden schnell deutlich. Eine gute Vorbereitung dazu ist zum Beispiel die Methode „Ich mache mir ein Bild von dir" (2.16, Seite 81). Demjenigen, der portraitiert, wird in der Regel sehr schnell deutlich, welche Ressourcen der Erzähler mitbringt. Meistens sind die Merkmale gut in den Bildern abzulesen. Und vielleicht kann das Bild aus Methode 2.16 sogar in der Expertensprechstunde als Türschild dienen? Sie sehen: Die Ergebnisse einzelner agiler Tools lassen sich wunderbar miteinander kombinieren.

Die Experten laden also zu ihrer Sprechstunde ein. Und wie bei Experten üblich weisen sie durch ein Schild auf ihren Fachbereich hin. Der Ratsuchende kann daran sofort erkennen, ob er bei einem Spezialisten an der richtigen Stelle ist. In der Medizin kennen wir die medizinischen Versorgungszentren (MVZ), in denen sich verschiedene Spezialisten versammeln. Im Seminar können Sie daraus ein EVZ (Experten-Versorgungszentrum) machen. Jeder Experte richtet sich entsprechend ein: in einem separaten Raum, in einem gesonderten Bereich im großen Raum, an einem Schreibtisch, an einem Stehtisch, auf der Bank im Garten ... Wichtig ist, dass alle wissen, wo die einzelnen Experten zu finden sind. Hilfreich dafür ist ein großes Plakat, auf dem alle Namen, Expertenbereiche und Örtlichkeiten aufgeführt sind.

Sicher sind einige Sprechstunden stärker nachgefragt und andere weniger. Das ist wie im echten Leben. Jeder Teilnehmer kann selbst Experte sein, aber auch einen anderen Experten konsultieren. Eine lustige Frage für den Einstieg: „Wo fehlt es uns denn?" So kommen Angebot und Nachfrage schnell zusammen. Holt ein Experte gerade selbst fachlichen Rat ein, ist seine Praxis „vorübergehend geschlossen" oder die Besucher finden den Hinweis: „Bin gleich wieder da". Die Kunden sitzen so lange im Wartezimmer oder suchen einen anderen Experten auf. Damit es nicht ständig stockt, sollten die Beratungseinheiten nicht wesentlich länger als fünf Minuten dauern.

Wer mag, kann seinen Expertenrat anschließend noch als Rezept schriftlich übergeben – Nebenwirkungen natürlich ausdrücklich eingeschlossen! Einen besonders schönen Abschluss findet die Übung, wenn nach den Konsultationen alle wieder im Stuhlkreis zusammenkommen und sich dann im Format „Selbsthilfegruppe" über die Ergebnisse austauschen. Als Leiter der Selbsthilfegruppe moderiere ich den Austauschprozess.

Spielräume

Manchmal finde ich es sehr hilfreich, zum Experten „gemacht" zu werden. Wie das geht? Die Teilnehmer überlegen, welche Experten für das Seminarthema hilfreich sein könnten und schreiben die Bezeichnungen auf Zettel. Diese werden dann in der Gruppe ausgelost. Plötzlich ist man Konfliktexperte, Verkaufsexperte, Zuhörexperte oder Feedbackexperte. Und indem diese Los-Experten „so tun als ob", erzielen sie durchaus eine Wirkung. Auch das NLP kennt diese Herangehensweise: Stellen Sie sich vor, Sie sind bereits der, der Sie sein möchten. Wie stehen Sie dann? Wie fühlen Sie sich dann? Was sagen Sie dann? Das „So-tun-als-ob" kann verborgene Kräfte in uns stimulieren und Persönlichkeitsanteile an die Oberfläche bringen, die wir bislang noch nicht kannten. Vor allen Dingen aber kann man sich hier in einer völlig neuen Rolle ausprobieren, die einem „unfreiwillig" zugeschrieben wurde. Der Spaßfaktor ist garantiert. Ganz nach dem Motto: Ich habe zwar keine Ahnung, aber ich gebe trotzdem meinen Senf dazu.

Weitere Einsatzmöglichkeiten

Im Einzelcoaching übersetze ich die Expertensprechstunde wieder als Stuhlarbeit. Auf unterschiedlichen Stühlen sitzen verschiedene Experten, die zum Thema etwas zu sagen haben. Der Klient kann selbst entscheiden, welche Experten für ihn hilfreich sein könnten. Doch anders als beispielsweise in der Supervision, wo man diese Stuhlpositionen durch Stellvertreter besetzen könnte, setzt sich der Klient selber auf die Stühle und übernimmt für einen Moment die Expertenposition.

Als Hausaufgabe kann es spannend sein, dass der Klient die definierten Experten mal googelt und herausfindet, was diese über sein Thema zu sagen haben. Manchmal ergeben sich aus dieser Recherche wichtige neue Informationen und Blickwinkel, die hilfreich in den Prozess eingebaut werden können.

Technische Hinweise

Gruppengröße: zehn Teilnehmer und mehr

Material: Experten-Türschilder, Papier, Stifte

Dauer: ca. 20–30 Minuten

Vorbereitung: ggf. Türschilder vorbereiten

Meine ganz eigenen Ideen zur Methode

___

___

___

___

___

___

___

___

2.24 Aus der Rolle fallen

Durch ungewöhnliche Perspektiven neue Handlungsoptionen schaffen

Ziel

Die Teilnehmer sollen durch die Übernahme fremder Rollen eine neue Perspektive auf das Seminarthema, ein aktuelles Problem oder eine Frage werfen. Oft sind es nämlich nicht die bereits bekannten Positionen, die einen auf den Weg zur Lösung bringen, sondern überraschend andere Blicke, die neue Wahlmöglichkeiten schaffen. Das Ziel dieser Übung ist es also, sich in einer gänzlich neuen Rolle auszuprobieren und eingefahrene Standpunkte bzw. Stereotype zu verlassen.

Meine Idee dahinter / Ablauf

Genau wie ich arbeitet ein Trainerkollege gerne mit Raumläufen. Dazu lässt er zum Beispiel alle Anwesenden durch den Raum gehen und gibt vor: Bewegen Sie sich jetzt wie die Queen / der Papst / Charlie Chaplin / ein Cowboy etc. Mit Vergabe der Rolle ändern sich abrupt die Haltung, der Gang, die Mimik und die Art und Weise, wie sich jemand gibt. Das ist nicht nur sehr erheiternd, sondern macht gleichzeitig auch spürbar, welche Wirkung eine Rolle auf das sichtbare Auftreten hat. Aus dieser Erfahrung heraus habe ich die Übung so abgewandelt, dass sie auch zur Bearbeitung konkreter Aufgabenstellungen genutzt werden kann. Wir holen damit nicht nur geballte Kompetenz in den Raum, sondern auch hochrangige Persönlichkeiten, Stars und Sternchen. Auch die in einem System vertretenen offiziellen und inoffiziellen Rollen bekommen hier eine Bühne.

Zunächst überlegt sich der Protagonist eine Situation, die er als schwierig oder problematisch erlebt. Handelt es sich bei seinem Thema um eine Interaktion mit anderen, dann sind durch die Geschichte schon andere Personen vorgegeben. In dieser Übung beschränken wir uns aber nicht auf die tatsächlich physisch Beteiligten, sondern spannen den Bogen weiter: Nachdem der Protagonist seine Geschichte vorgestellt hat, notieren die Zuhörer auf einzelnen Loszetteln erkannte offizielle und inoffizielle Rollen, aber auch spannende Wunschkandidaten. Diese Zettel fliegen in einen Hut (oder was sich gerade als Losbox anbietet). Wenn sich das Thema intrapsychisch abspielt, also keine weiteren Personen beteiligt sind, notieren die Zuhörer ausschließlich die inneren psychischen Anteile des Protagonisten sowie Rollen, die sie für hilfreich erachten.

Die Lose werden gut durchgemischt und der Fallgeber zieht eines aus dem Hut. Er hat nun die Aufgabe, die geschilderte Situation aus der Perspektive der fremden Rolle neu zu erzählen. Wenn es die „Problemgeschichte" ermöglicht, animiere ich die anderen Teilnehmer gerne zum Nachspielen der Szene. Ein Zuschauer übernimmt die Rolle des Protagonisten, während dieser „aus der eigenen Rolle fällt" und eine andere Sichtweise übernimmt. Das Publikum achtet darauf, dass er konsequent in der neuen Rolle bleibt und nicht in seine alten Muster zurückfällt.

Die Aufgabe klingt einfacher, als sie ist, denn hier greift leicht das Prinzip der Rollenkonfusion: Die Perspektiven und Meinungen geraten schnell durcheinander und die Tendenz, immer wieder die eigene Sichtweise zu vertreten, ist extrem hoch. Sie können den Selbsttest machen: Stellen Sie sich mal einem anderen Menschen vor, indem Sie nicht von „Ich" sprechen, sondern in der dritten Person von sich sprechen. Etwa folgendermaßen: „Ich möchte dir gerne Horst vorstellen. Horst wohnt in Koblenz und ist …" In der Regel dauert es nicht lange, und Sie springen wieder ins „Ich". Wir sind so stark emotional mit unseren Geschichten verbunden, dass dieser Abstand auffallend schwerfällt. Hinzu kommt, dass unsere Energie neu verteilt werden muss. Das ständige „Auf-Abstand-Halten" der eigenen Rolle kostet Kraft. Da ist es umso naheliegender, dass unser Hirn alles tut, um wieder auf Autopilot umzustellen.

Die Situation kann, muss aber nicht, unmittelbar mit dem Seminarthema zusammenhängen. Das Format ist so flexibel, dass Sie es auch für ganz spontane inhaltliche Exkursionen einsetzen können. Auch kleinere Konflikte habe ich damit schon erfolgreich aufgelöst. Besonders durch das Hinzuerfinden außergewöhnlicher Rollen gewinnen die Teilnehmer leichter Abstand zu konfrontativen Positionen. Wenn der Humor Einzug hält, ist oft alles gleich viel entspannter.

Es ist möglich, dass gleichlautende Lose im Hut liegen und auch gezogen werden. Das macht nichts. In diesem Fall zieht der Fallgeber einfach ein neues Los, wenn er mehrere neue Perspektiven ausprobieren möchte. Denkbar ist auch, dass Sie für die Kategorien „offizielle Rolle", „inoffizielle Rolle" und „erfundene Rolle" eigene Losboxen aufstellen. Das gibt vielleicht etwas mehr Orientierung. Ich habe es selbst allerdings noch nicht ausprobiert.

Wenn der Protagonist es wünscht, kann auch ein anderer Teilnehmer stellvertretend für ihn in die neue Perspektive wechseln. Dann interpretiere ich das „Aus-der-Rolle-Fallen" etwas anders. Die Stellvertreter sollen in diesem Fall besonders pointiert den anderen Blick (bzw. das andere Verhalten) wiedergeben. Getreu dem Motto: „Jetzt dürft ihr mal völlig aus der Rolle fallen und alle Tabus ablegen."

Spielräume

In Anlehnung an die Transaktionsanalyse (TA) lässt sich diese Methode auch sehr schön für das Dramadreieck nach Stephen Karpman nutzbar machen. In diesem Modell wechseln die Interaktionspartner ständig die Rollen von „Opfer", „Retter" und „Verfolger". Hier kann die Aufgabenstellung so lauten, dass der Protagonist seine Geschichte zuerst aus der Perspektive des Opfers erzählt. Darin sehen sich die meisten Fallgeber sowieso. Danach wechselt er die Rollen in Richtung „Retter" und „Verfolger". Der Seminarleiter sollte sich für diese Variante jedoch in der TA auskennen und den Teilnehmern das Modell kurz erläutern. Dann wird das Spiel des Rollenwechsels sehr aufschlussreich.

Reizvoll ist es auch, wenn der Fallgeber auf Kommando die Rolle wechseln soll. Dann bekommt der Prozess eine ganz andere Dynamik. Wie im echten Leben werden nämlich die Rollen im laufenden Prozess getauscht. „Wir fangen nochmal von vorne an, nur anders" wäre hingegen sehr konstruiert.

Da es hier ja um Spielräume geht, können Sie auch einzelne Räume (oder Raumzonen) für den Rollenwechsel reservieren. Sie können den „Kollegen-Raum", „Mutter-Raum", „Wut-Raum" oder „Kanzler-Raum" definieren und die Teilnehmer durch all diese Räume schicken, um dort aus der althergebrachten Rolle zu fallen. Mit einem Angebot an verschiedenen Kostümen und Accessoires fällt es den Teilnehmern erfahrungsgemäß leichter, in eine neue Rolle zu springen.

Weitere Einsatzmöglichkeiten

Wenn ich mit Einzelklienten arbeite, notiere ich mir die unterschiedlichen Rollen und biete sie dem Klienten für den Rollenwechsel an. Die Vorlagen dazu liefert seine Geschichte. Bei der Auswahl der fremden Persönlichkeiten überlege ich mir, welcher Charakter für den Klienten besonders spannend sein könnte. Es müssen nicht immer Promis sein. Lassen Sie Ihren Klienten auch mal die Perspektive eines Obdachlosen oder eines kleinen Kindes einnehmen. Und zu ganz neuen Ergebnissen kommen Sie, wenn die Rollenübernahme auch vor Objekten keinen Halt macht: „Wie wäre es, wenn Sie die Geschichte aus der Perspektive des Stuhls betrachten würden?" Antwort einer Klientin: „Jeder Arsch würde auf mir Platz nehmen. Das mag ich nicht."

Technische Hinweise

Gruppengröße: fünf Teilnehmer und mehr

Material: Lose, Stifte, Hut

Dauer: ca. 20–30 Minuten

Vorbereitung: keine

Meine ganz eigenen Ideen zur Methode

_____
_____
_____
_____
_____
_____
_____
_____
_____
_____
_____
_____
_____
_____
_____
_____
_____
_____
_____
_____

2.25 Sprücheklopfer

Durch Zitate und Aphorismen auf neue Ideen kommen

Ziel

Bilder, Gegenstände, neue Rollen und auch „geflügelte Worte" können uns auf neue Ideen bringen. Die deutsche Sprache hält viele Zitate und Volksweisheiten bereit, die teilweise wie selbstverständlich in den alltäglichen Sprachgebrauch einfließen. Wir können die Kraft dieser Worte gezielt einsetzen, um sie als Impulse zum Seminarthema oder als Anregung für eine Problemlösung zu nutzen. Ziel ist es, neue Blickwinkel zu entdecken und sie als Ergänzung statt als Widerspruch wahrzunehmen. Über Spruchweisheiten und das, was sie aussagen, zu reden fällt vielen Teilnehmern deutlich leichter, als sich mit der emotional aufgeladenen eigenen Situation auseinanderzusetzen. Sprüche schaffen Verbundenheit und bieten Abstand.

Meine Idee dahinter / Ablauf

Auf einer der letzten Tagungen der Deutschen Gesellschaft für Systemische Therapie, Beratung und Familientherapie e. V. (DGSV) lernte ich Ludger Kühling kennen. Herr Kühling hat sich intensiv mit der Wirkung von Aphorismen im Beratungskontext beschäftigt und darüber ein Buch geschrieben. In einem Workshop stellte er die praktische Arbeit dieser „Sprücheberatung" vor. Dabei kam mir die Idee, die Kraft solcher Sprüche auch im Seminar einzusetzen. Nicht nur, weil Sprüche so weit verbreitet sind und jeder mehr oder weniger viele kennt. In fast allen Seminaren finden sich auch ausgesprochene „Sprücheklopfer", die für fast alles einen passenden Spruch auf den Lippen haben.

Zum Seminarthema oder zu einem aktuell auftauchenden „Problem" stelle ich die folgende Aufgabe: „Notieren Sie bitte innerhalb der nächsten fünf Minuten Redewendungen, Sprüche, Volksweisheiten, die Ihnen zum Thema einfallen. Selbstverständlich dürfen Sie dazu auch das Internet nutzen, um geeignete Quellen anzuzapfen. Diese Redewendungen halten Sie bitte auf Metaplankarten fest." Inzwischen arbeite ich alternativ mit buntem DIN-A4-Papier, was mehr Text oder eine größere Schrift zulässt. Die Visualisierung der Sprüche wird dadurch noch markanter.

Wenn die Teilnehmer mit dem Schreiben fertig sind, wiederhole ich das Thema und lade nun dazu ein, durch die gefundenen Sprüche Anregungen zur Lösung zu geben. Nachdem die einzelnen Karten vorgelesen wurden, hänge ich sie an eine Pinnwand. Dadurch entsteht ein Flickenteppich an Weisheiten und ersten Lösungsideen.

Größere Gruppen unterteile ich in kleine Arbeitseinheiten von vier bis fünf Teilnehmern. Sie haben nun die Aufgabe, anhand der gefundenen Sprüche konkrete Lösungsideen abzuleiten und diese im Plenum vorzustellen. Die Sprüche dienen dabei als Überschrift, sind aber gleichzeitig eine schöne Erinnerungshilfe, die die Inhalte verankert. Manchmal arbeiten mehrere Gruppen an ein und demselben Spruch und kommen zu völlig unterschiedlichen Empfehlungen. Ich lasse diese Dopplungen daher einfach laufen.

Oft gestalte ich den Raum gleich zu Beginn mit einer Auswahl an Zitaten, die ich an die Wände hänge. Auch der Vorraum des Seminarraums kann so dekoriert werden, denn hier herrscht bereits „Lösungsatmosphäre". Außerdem habe ich durch diese Willkommenssprüche einen guten Einstieg in die Methode, wenn sie zum Einsatz kommen sollte. Und in Abschlussrunden werden Sprüche immer gerne aufgegriffen, weil sie Eindrücke verdichten.

Spielräume

Eine schöne Variante dieser Methode ist das Entwickeln eigener Sprüche. Es müssen nicht immer die großen bekannten Köpfe sein, die Weisheiten in die Welt setzen. Die aus der Situation heraus geborenen Sprüche sind oft viel dichter am konkreten Fall und bergen nicht selten ein gehöriges Aha- und Lach-Potenzial. Bei der Entwicklung eigener Sprüche sollten Sie jedoch mehr Zeit einräumen und mit eigenen kreativen Spruchfindungen vorlegen. Eine tolle Unterstützung dafür erhalten Sie durch den Sprichwort-Generator: ↗ http://sprichwort.gener.at/or/. Bekannte Zitate werden hier auseinandergenommen und mit fremden Teilen neu zusammengesetzt. Dabei kann etwas herauskommen wie: „Wer die Wahl hat, macht noch keinen Sommer" oder: „Stillstand sollte nicht mit Steinen werfen." Beim Lesen der fremd anmutenden Sprüche wird sofort das Hirn aktiv, um einen sinnvollen Zusammenhang herzustellen. Und schon ist der kreative Prozess in Richtung Lösungsfindung in Gang gesetzt.

Ein kreativer Prozess kommt auch dann in Gang, wenn die Gruppe die visualisierten Sprüche selbst neu zusammensetzt. Der Anfang mag etwas zögerlich sein, aber sobald die ersten Sprücheklopfer losgelegt haben, ist schnell das Eis gebrochen.

Statt „Sprücheklopfer" können Sie die Übung auch „Ratschläger" nennen. Der Ablauf ist ganz ähnlich. Statt sich auf Weisheiten zu beschränken, können Sie aber hier die Inhalte weiter fassen. Auch kurze persönliche Ratschläge, die schriftlich festgehalten werden, sind möglich. Was im Coaching oft als Tabu für den Berater gilt, dürfen die Klienten beim „Ratschläger" nach Lust und Laune ausleben.

Weitere Einsatzmöglichkeiten

Das Sprücheklopfen eignet sich sehr gut für ein Zwischen- oder Abschlussfeedback. Auch hier können Sie wieder nach Sprüchen suchen lassen oder eine Auswahl zur Verfügung stellen. Es ist allerdings etwas anderes, die Sprüche für alle sichtbar auszulegen und jeden sich „seinen" Spruch greifen zu lassen oder die Sprüche aus einer Box ziehen zu lassen. Letzteres hat die Wirkung von chinesischen Glückskeksen. Die Teilnehmer müssen dann nämlich einen Bezug herstellen zwischen dem Seminarthema, ihrem Resümee und dem Spruch. Geben Sie auch für diese Variante mehr Zeit als bei der offenen Auswahl.

Technische Hinweise

Gruppengröße: fünf Teilnehmer und mehr
Material: bunte Metaplankarten, Stifte, Pinnwand
Dauer: ca. 15–20 Minuten
Vorbereitung: keine

Meine ganz eigenen Ideen zur Methode

_____
_____
_____
_____
_____
_____
_____
_____
_____

2.26 Andere Ufer

Durch Fokussierung leichter Ziele erreichen

Ziel

Um Ziele zu erreichen ist es hilfreich, sich seiner Bedürfnisse und Werte klar zu sein. Diese Übung unterstützt dabei, Ballast zurückzulassen und so leichter ans Lösungsufer zu kommen. Die Übung wird als Flusslandschaft inszeniert, wodurch deutlich wird: Weniger „Gepäck" erleichtert die Fortbewegung.

Meine Idee dahinter / Ablauf

Der Fluss als Symbol für Veränderung ist ein oft genutztes Motiv. Ob mit Tüchern inszeniert oder auf dem Flipchart gemalt, ich verwende dieses Bild sehr regelmäßig in Teamentwicklungsmaßnahmen wie auch in Einzelcoachings. Auf die Idee dieser Übung bin ich durch die Arbeit mit dem Rubikon-Modell gekommen. Der Rubikon ist ein italienischer Fluss, an dem Julius Cäsar eine Entscheidung traf, die kein Zurück mehr erlaubte. Noch heute verbinden wir mit dem Spruch „den Rubikon überschreiten" das Einlassen auf eine riskante Handlung.

Ganz so riskant ist die Übung für das Seminargeschehen zwar nicht, aber sie ermöglicht aufschlussreiche Ausblicke auf den Weg zu „anderen Ufern". Unterstützt durch einen grünen und blauen Stoff und ein paar Plüschfische habe ich im Nu eine kleine Flusslandschaft im Seminarraum geschaffen. Etwas Hintergrundmusik oder das Rauschen eines Flusses (auf YouTube zu finden) intensiviert die Stimmung.

Die Teilnehmer fordere ich auf, auf einzelne Moderationskarten jeweils bis zu zehn Werte zu schreiben, die ihnen mit Blick auf die Lösung eines Problems wichtig sind: „Welche Werte möchtest du im Hinblick auf deine Lösung unbedingt berücksichtigt wissen?" Diese „gewichtigen Werte" sind das Gepäck, mit dem sie unterwegs sind. Nun ist es nicht ganz einfach, einen Fluss mit vielen Gepäckstücken zu durchqueren, noch dazu, wenn das Wasser so tief ist, dass es einem bis zum Hals (oder darüber) steht. Jeder der Teilnehmer ist daher aufgefordert, seine Werte auf fünf zu reduzieren. Was er zurücklassen muss, legt er am Ufer ab oder übergibt es dem Wasser.

Die Trennung von Werten ist für viele Menschen nicht ganz einfach, sind sie doch für sie zu einem sicheren und vertrauten Rahmen geworden. Daher ist es wichtig, den Teilnehmern für die Auswahl der Werte ausreichend Zeit zu lassen. Weil die aussortierten Karten auf den Boden gelegt werden, ist gut zu erkennen, wie weit die Teilnehmer mit dieser Arbeit sind.

Nach dem Ablegen der Karten rege ich dazu an, zurückgelassene Werte ausreichend „wertzuschätzen", weil sie in der Vergangenheit einen wichtigen Beitrag zur Stabilität geleistet haben. Gerade dieser Verabschiedung wird meiner Meinung nach oft zu wenig Zeit eingeräumt. Zu verlockend sind die Zukunft und die neuen Ziele. Dabei ist der größte Verhinderer einer Neuausrichtung eine kaum oder nicht geschätzte Vergangenheit.

Im nächsten Schritt werden die Werte ein weiteres Mal verdichtet: „Welche drei Werte wirst du ans andere Ufer mitnehmen?" Eine zweite Auswahl folgt, die wiederum ein Verabschieden und Zurücklassen erfordert. Hier geht es ordentlich an die Werte-Substanz. Die meisten Menschen, mit denen ich zusammenarbeiten durfte, scharten eine große Fülle an Werte um sich. Oft erlebte ich eine Art „Werte-Inflation", weil sie diesen Ansprüchen gar nicht gerecht werden konnten. Und das war auch Teil ihres Problems. Diese Übung ist daher eine gute Unterstützung, individuelle (oder auch kollektive) Werteklarheit herzustellen. Im Rahmen einer Team- oder Organisationsentwicklung einigt sich die Gruppe auf fundamentale Werte, die für alle Beteiligten Gültigkeit haben.

Ist alles „überflüssige Gepäck" abgelegt und hat jeder der Anwesenden nur noch drei Karten, wird der Rubikon überschritten: Auf zu neuen Ufern! Dabei stelle ich folgende Fragen:

„Wie unterstützen dich die drei Kern-Werte dabei, gut durch den Fluss zu kommen (Schwimmhilfe statt Ballast)?"

„Was kannst du konkret tun, um diese drei Werte zu leben?"

Es bietet sich an, diese beiden Fragen zu visualisieren. Entweder auf dem Flipchart oder (was ich noch besser finde) durch runde Moderationskarten als kleine Inseln im Fluss.

Die Teilnehmer notieren sich ihre Antworten auf die Rückseite ihrer Wertekarten. Danach wird, fast schon feierlich, der Rubikon überquert und das andere Ufer erreicht. Wahrscheinlich wird die Durchquerung des Flusses in unterschiedlichen Geschwindigkeiten erfolgen, was ganz natürlich ist. Wenn sich jemand schwer damit tut, ans andere Ufer zu wechseln, kann es daran liegen, dass die Werte noch nicht klar sind. Was befürchtet er beim Zurücklassen? Worauf müsste er vertrauen können, dass ein Zurücklassen kein Verlust ist, sondern eine Entlastung? In solchen Fällen nutze ich die Gruppe als Ressource, um den Teilnehmer durch Zuspruch und Anregungen zum Wechsel zu ermutigen. Grundsätzlich hat jeder das Recht, auf der bekannten Uferseite stehen zu bleiben. Auch die Verantwortung, sich für den Status Quo zu entscheiden, verdient Respekt.

Spielräume

Anstelle eines Flusses bieten sich auch andere Landschaftsbilder an. Wege und Straßen symbolisieren ebenfalls Veränderung. Gepäck kann am Wegesrand abgestellt werden, während sich die Teilnehmer „auf den Weg machen". Hier geht es deutlicher um die Veränderung als Prozess, während der Fluss den Übergang vom Alten zum Neuen in den Mittelpunkt rückt. Eine Straße ist schnell mit einem grauen oder schwarzen Stoff auf den Boden gebracht, der mit kleinen weißen Papierstreifen die Fahrbahnhälften andeutet. Ein brauner Stoff mit ein paar Blümchen am Rand ist ein wunderbarer Feldweg. Im Bild der Straße achte ich darauf, dass die Zukunft immer in Richtung Licht liegt (in der Regel die Fensterfront), weil es für die meisten Menschen dort im Hellen die Veränderung geben wird.

Weitere Einsatzmöglichkeiten

Anstelle der Werte können auch Ziele oder Glaubenssätze zurückgelassen werden. Grundsätzlich hat fast alles das Potenzial, zum Ballast zu werden. Wir leben in einer Gesellschaft, die sich eher dem Ansammeln als dem Loslassen verschreibt. Das gilt nicht nur für volle Kleiderschränke und nutzlose Haushaltsgeräte, sondern eben auch für Werte, Gewohnheiten, Glaubenssätze und Ziele.

Wie bereits weiter oben erwähnt ist die Methode „Andere Ufer" eine schöne Möglichkeit, in Teamentwicklungsmaßnahmen oder in der Organisationsentwicklung gemeinsame Werte zu erarbeiten. Dann bekommt das Team die Aufgabe, sich auf eine reduzierte Anzahl von Werten zu verständigen, die alle mittragen können. Da es bei dieser Variante zusätzlichen Abstimmungsbedarf gibt, ist ausreichend Zeit einzuplanen.

Technische Hinweise

Gruppengröße: fünf Teilnehmer und mehr
Material: grüner und blauer Stoff, Plüschfische, weiße Metaplankarten, Stifte
Dauer: ca. 20–30 Minuten
Vorbereitung: Flusslauf inszenieren

Meine ganz eigenen Ideen zur Methode

2.27 Der Schlüssel zum Erfolg

Über den Schlüsselbund Schlüsselkompetenzen definieren

Ziel

Mit dem Bild des Schlüssels sollen sich die Teilnehmer ihrer Kompetenzen bewusst werden, denn die unbewussten Kompetenzen sind in der Regel der Schlüssel zum Erfolg. Mit der Methode überprüfen wir, welche Türen sich durch den gezielten Einsatz der Schlüsselkompetenzen öffnen lassen.

Meine Idee dahinter / Ablauf

Die Schlüssel als „Methodenmaterial" sind mir zum ersten Mal in einer Vorstellungsrunde begegnet. Dort sollten wir alle unsere Schlüsselbunde aus der Tasche ziehen und zu jedem der Schlüssel eine kleine persönliche Geschichte erzählen, die etwas über uns aussagt. Mir gefiel die Idee schon damals gut und ich habe sie lange mit mir herumgetragen. Dann kam ich im Rahmen einer Positionierungsarbeit mit meinem Klienten auf seine Schlüsselkompetenzen zu sprechen und über den Begriff erinnerte ich mich wieder an die Symbolik des Schlüsselbundes. Spontan schlug ich ihm vor, anhand seiner großen und kleinen Schlüssel verschiedene Kompetenzen zu benennen.

Die Methode wirkt, weil sie vertraute Denkmuster unterbricht und zu einer neuen Perspektive einlädt. „Was soll ein Schlüssel schon über meine Kompetenzen aussagen können?" In der Regel sind die Teilnehmer erst einmal etwas sprach- und ratlos – eine gute Gelegenheit zum Nachdenken.

Zum Einleiten der Übung ist ein großer Schlüssel als Symbol für die Schlüsselkompetenzen ganz hilfreich. Solche Schlüssel aus Kunststoff oder auch Holz sind im Spielwarenhandel oder im Karnevaldiscounter erhältlich. Natürlich wirkt auch ein gezeichneter Schlüssel auf dem Flipchart. Die Aufgabenstellung lautet, dass sich jeder Teilnehmer mit den unterschiedlichen Schlüsseln beschäftigt und sich fragt: „Wofür kann dieser Schlüssel stehen, wenn er eine meiner Kompetenzen oder Ressourcen abbildet?" Völlig unbedeutend ist, ob es ein Wertfachschlüssel, ein Autoschlüssel, der Schlüssel zu einem Kellerschloss ist und ob er groß oder klein ist. Es muss noch nicht einmal ein Metallschlüssel sein. Auch moderne Fernsteuerungen fürs Auto können als Schlüssel taugen. Sie merken schon, dass bereits bei der Auswahl der Schlüssel ein kreativer Prozess in Gang kommt: „Was ist überhaupt ein

Schlüssel? Was eröffnet er mir? Habe ich ihn schnell zur Hand, wenn ich ihn brauche? Ist die Anzahl der Schlüssel wichtiger als die Tür, die ich damit öffnen kann?" Über die Symbolik der Schlüssel kommen Sie zu ganz spannenden Gesprächen über die entdeckten Schlüsselkompetenzen.

Nachdem alle Anwesenden ihre „Schlüssel zum Erfolg" ausgemacht haben, werden sie im Plenum vorgestellt. Ich heiße es herzlich willkommen, wenn ein Teilnehmer zu einem Schlüssel noch eine Geschichte erzählt oder etwas weiter ausholt. In den Geschichten stecken nämlich oft die verborgenen Schätze. Wenn ausreichend Zeit ist, können die Zuhörer auch Fragen stellen. Hier lautet die Aufgabe, mit dem Lösungs- und Ressourcenohr die in der Geschichte versteckten Schlüsselkompetenzen ans Tageslicht zu fördern. Ein Schlüssel kann so auch schnell mal zu einem Generalschlüssel werden, der viele Türen öffnet.

Das Schöne an dieser Methode ist, dass die Teilnehmer die Schlüssel an ihrem Bund kraftvoll aufladen und mitnehmen. Das ist ein schöner Anker, der über die Veranstaltung hinaus Wirkung entfalten kann. Viele meiner ehemaligen Teilnehmer haben mir zurückgemeldet, dass sie einzelne Schlüssel auch nach langer Zeit noch an die Übung erinnern und Kompetenzen in Erinnerung rufen.

In größeren Gruppen können die Teilnehmer ihre Schlüsselkompetenzen auch paarweise oder in Kleingruppen einander vorstellen. Damit geht zwar die Ausstrahlung in die Gesamtgruppe verloren, aber Sie sparen Zeit und die Gespräche in den kleinen Einheiten fallen in der Regel intensiver aus. Außerdem ermöglichen Sie auch ruhigeren Teilnehmern, sich in der Kleingruppe zu öffnen. Im Anschluss können Sie trotzdem Freiwillige dazu animieren, im Plenum über ihre Schlüssel zu erzählen.

Spielräume

Bei mir zu Hause haben sich in den letzten Jahren unzählige Schlüssel angesammelt, für die ich gar keine Verwendung mehr habe. Keine Ahnung, in welches Schloss die mal gepasst haben, doch zum Wegwerfen sind sie einfach zu schade! Solche Schlüssel lassen sich zum Beispiel bereits vor Seminarbeginn unter die Teilnehmerstühle kleben. Und wenn Sie die Übung spontan einsetzen möchten reicht es auch, wenn Sie die Schlüssel einfach „aus dem Hut zaubern" und die Teilnehmer jeweils einen ziehen lassen. Einleitend stelle ich die Frage: „Was könnte Ihr Schlüssel mit unserem Thema zu tun haben?" Natürlich können Sie alternative Fragen anbieten: „Wenn Sie an Ihr Problem denken: Woran erinnert Sie dann der Schlüssel?" oder: „Wenn der Schlüssel sprechen könnte, was würde er zu Ihrem Thema sagen?"

Oder leiten Sie doch mal den „Jäger des verlorenen Schatzes" ein: „Wenn dieser Schlüssel für Sie Ihr Kompetenzschlüssel wäre, welchen verloren geglaubten Schatz würde er öffnen?" Dazu könnten Sie auch ein Plakat dieses Films aufhängen oder zumindest darauf anspielen. Hauptsache ist, dass Sie mit der Schlüsselsymbolik einen kreativen Suchprozess einleiten und Kompetenzen und Ressourcen verankern.

Ganz spannend ist auch ein viel weiterer Blick auf den Begriff „Schlüssel". Wie wäre es zum Beispiel mit einem Werkzeug- oder einem Notenschlüssel, abhängig davon, wie Ihre Zielgruppe aussieht? Dazu können Sie Schraubenschlüssel oder gemalte Notenschlüssel im Raum verteilen, die als Gesprächsaufhänger dienen. Dann fällt zwar der Schlüsselbund weg, aber Sie bleiben noch im Referenzrahmen der Zielgruppe. Mit dem Notenschlüssel lässt sich zum Beispiel eine Lösung „komponieren", mit dem Werkzeugschlüssel eine Lösung „bauen": Wie würde die Lösung aussehen oder klingen?

Weitere Einsatzmöglichkeiten

Wie bereits eingangs erwähnt, habe ich die Schlüsselmethode innerhalb einer Vorstellungsrunde kennengelernt. Sie hat nach wie vor für mich an dieser Stelle viel Charme, weil gleich zu Beginn neue Denkrichtungen angeboten werden.

Anstatt nach Antworten zu suchen (was in den meisten Seminaren und Fortbildungen getan wird), können Sie aber auch hilfreiche Fragen in den Fokus rücken: „Welche Schlüsselfragen müssten Sie sich (oder wir uns) stellen, um auf hilfreiche Antworten zu stoßen?" Oder Sie stellen die Frage im laufenden Prozess: „Welche Fragen haben wir uns bisher vielleicht gar nicht gestellt?" Dann ziehen sich die Teilnehmer alleine oder in kleine Arbeitsgruppen zurück und entwerfen anhand der Schlüssel neue Fragen, die sie anschließend der Gruppe vorstellen.

Wenn Sie nicht mit einem gegenständlichen Schlüssel arbeiten möchten, können Sie auch Zahlenkombinationen, Passwörter oder Parolen als „Schlüssel" definieren. Damit erweitern Sie Ihren kreativen Spielraum erheblich. So habe ich innerhalb einer Glaubenssatzarbeit den Teilnehmern die Aufgabe gestellt, sich einen unterstützenden Glaubenssatz auszudenken, der sie in ihrem persönlichen Thema lösungsorientiert unterstützt. Heraus kam eine Sammlung beeindruckender „Schlüssel zum Erfolg", die wir dann auf große Plakate gebracht und an eine Wäscheleine gehängt haben.

Technische Hinweise

Gruppengröße: fünf Teilnehmer und mehr

Material: großer Schlüssel oder alte bzw. überzählige Schlüssel

Dauer: ca. 10–15 Minuten

Vorbereitung: keine

Meine ganz eigenen Ideen zur Methode

_____
_____
_____
_____
_____
_____
_____
_____
_____
_____
_____
_____
_____
_____
_____
_____
_____

2.28 Horizonte

In entspannter Atmosphäre einen Blick in die Zukunft wagen

Ziel

Jenseits des „Protokolls" finden oft besonders persönliche und intensive Gespräche statt. Deshalb unterstütze ich mit diesem Format den Übergang zwischen Tagesprogramm und Feierabend. Die Strandatmosphäre fördert das Gefühl von Weite und Gelassenheit. Sie unterstützt visionäre Ausblicke. „Horizonte" ist eine Einladung, sich über seine Wünsche und Träume zu äußern und informell miteinander ins Gespräch zu kommen.

Meine Idee dahinter / Ablauf

Auf viele meiner Ideen komme ich, wenn ich entspannt am Strand liege und meinen Blick schweifen lasse. Da Reisen ein großes Hobby von mir ist, finde ich dazu immer wieder Gelegenheit. Es klappt aber auch im Garten! Entspannung ist nachweislich eine wichtige Voraussetzung für Kreativität. Ohne den Vorsatz, irgendwelche Ergebnisse einfahren zu müssen, arbeitet mein Unterbewusstes weiter. Wir sind da inzwischen echte Kumpels, und ich kann mich eigentlich darauf verlassen, dass früher oder später eine Idee am Horizont auftaucht und ich zu meinem Notizblock greife.

Aufgrund meiner guten Erfahrungen habe ich diesen Blick in die Ferne auch für die Arbeit mit Gruppen nutzbar gemacht. Mit wenigen Handgriffen ist schnell eine Strandatmosphäre geschaffen. Dafür brauche ich blauen Stoff für das Wasser, einen goldenen Stoff für den Sand, ein paar Muscheln und wieder meine Stofffische, die ich bereits in anderen Übungen zum Einsatz gebracht habe. Wer mag, kann mit einer ruhigen Musik oder mit Meeresrauschen die Stimmung zusätzlich unterstreichen. Je nach Raum ist es vielleicht sogar möglich, den Blick nach draußen in die Ferne zu richten. Allerdings ist unsere Fantasie zu so vielem fähig, dass Teilnehmer auch schon Inseln und Boote in der Ferne entdeckt haben. Also: Keine Notwendigkeit zur Perfektion.

Um einen fließenden Übergang zwischen der Agenda und dem Strandbesuch zu schaffen, leite ich die Übung etwa folgendermaßen ein:

„Nach den vielen Eindrücken des Tages möchte ich euch jetzt zu einer ganz anderen Art von Einblicken einladen. Dafür nehmen wir gemeinsam einen Ortswechsel vor, vom Seminarraum an einen Strand. Ihr seht, auch ohne lange Anreise sind Ausflüge möglich. Nehmt Platz und macht es euch gemütlich. – Am Horizont vereinen sich Himmel und Erde. Und trotzdem wissen wir, dass es dahinter weitergeht, auch wenn es für unser Auge nicht sichtbar ist. Es gibt für uns eine Zukunft, von der wir nicht immer wissen können, wie sie sich entwickelt. Aber wir können Wünsche, Träume und Hoffnungen mit ihr verbinden. Und genau darüber möchte ich mit euch an diesem Strand sprechen. Nehmt euch Zeit und lasst Gedanken, Gefühle und Bilder in euch aufsteigen, wenn ihr hier am Strand sitzt und zum Horizont schaut. Und wer mag, darf davon erzählen."

Manchmal dauert es einige Minuten, bis sich jemand zu Wort meldet. Ich gebe diese Zeit gerne. In den Phasen der Stille liegt meistens ganz viel Energie in der Luft. Und nach den vielen wortreichen Stunden eines Seminartages ist ein Moment der Ruhe und inneren Einkehr ganz wohltuend. Also: Halten Sie das anfängliche Zögern aus und vertrauen Sie auf die Kraft der (inneren) Bilder.

Für die Beiträge der Strandgäste gibt es bei mir keine Regeln. Selbst wenn jemand etwas ganz anderes sagt als über seine Aussichten zu sprechen, ist das völlig in Ordnung. Wir wollen ja mit dem Blick zum Horizont gerade keine Denkfilter vorgeben, sodass der Denkraum inhaltlich ganz weit und offen bleibt. Damit lasse ich auch den thematischen „roten Faden" fallen. „Horizonte" gibt dem bisher Unausgesprochenen eine Gelegenheit. Das können neben Wünschen und Hoffnungen auch Ängste oder Zweifel sein, genauso aber auch ein herzhaftes Lachen über Situationen des Tages. Mit der Zeit entwickelt die Gruppe eine Art „gemeinsamen Horizont", unter dem sich alle wieder finden. Und gerade aufgrund der besonderen Nähe und Atmosphäre dieser Erfahrung bleibt sie womöglich vielen Teilnehmern besonders eindrücklich in Erinnerung. Ich merke bei dieser Übung, wie ich selber wieder „auf den Boden komme" und meine Meta-Perspektive verlasse. Ich freue mich immer auf diesen Moment. Er ist für mich eine Art „Strand-Ritual", das mir viel Kraft und Ruhe spendet.

Spielräume

Viele Landschaftsbilder eignen sich für eine unkonventionelle Begegnung der Gruppe. Auch die Methoden „Löcher in den Himmel starren" (2.16) oder „Andere Ufer" (2.25) können mit einem neuen Vorzeichen den Tagesabschluss einleiten. Das ist das Schöne an diesen agilen Methoden: Gespickt mit ein paar neuen Impulsen können die Übungen für ganz andere Zwecke zum Einsatz kommen.

Anstatt den Horizont durch eine Strandatmosphäre zu inszenieren, können Sie natürlich einfach den Raum verlassen und nach draußen gehen – vorausgesetzt, die Örtlichkeiten lassen das zu. Wenn ich selber für den Ort der Veranstaltung verantwortlich bin, suche ich mir immer eine Location mit Grünflächen in der Nähe, die den Aufenthalt draußen ermöglicht. Das muss nicht gleich eine Parklandschaft sein, es tut auch ein Rasen oder ein gepflegter begrünter Vorplatz oder Hof. Um mich mit den Örtlichkeiten vertraut zu machen, bin ich immer ziemlich früh vor Beginn des Seminars vor Ort oder reise sogar am Vorabend an. Das erlaubt mir eine Entdeckungstour und wirft meinen Ideen-Generator an.

Eine sehr schöne Möglichkeit, die aber etwas Vorbereitung erfordert, ist der Blick in den Nachthimmel. Dafür finde ich Lichterketten ganz praktisch, die ich mit Klebestreifen an der Decke befestige. (Für den Stromanschluss braucht man eventuell ein Verlängerungskabel.) Dann breite ich meinen grünen Stoff als Wiese aus, dunkle den Raum ab und schon habe ich einen Nachthimmel, der zum Träumen einlädt.

Weitere Einsatzmöglichkeiten

„Horizonte" können Sie wunderbar im Einzelcoaching einsetzen. Hier ist es sogar deutlich einfacher, Landschaftsbilder in den Prozess zu integrieren, weil Sie spontan mit dem Klienten das Setting ändern können. Da ich in Koblenz nah am Rhein wohne, nutze ich die Flusslandschaft regelmäßig als Metapher für Veränderung, Kontinuität und Ressourcen. Unser Horizont erstreckt sich über die Höhen der Mittelgebirge Eifel, Hunsrück und Westerwald, die sich für ein Coaching-„Walk & Talk" hervorragend anbieten.

Sollten Sie mit einem Team an einem gemeinsamen Ziel, einer Mission oder Vision arbeiten, können Sie die Übung bereits früher einsetzen und nicht erst als Tagesabschluss. Wenn ich am Abend mit „Horizonte" arbeite, verzichte ich bewusst auf Visualisierungen, Kommentare und Zusammenfassungen. Setze ich die Übung jedoch im Klärungsprozess ein, halte ich die unterschiedlichen (Ziel-)Bilder auf Metaplankarten fest und stelle sie als „Bojen" in das Wasser – eine Art Manövrierhilfe. Es bietet sich auch an, die Ergebnisse zu fotografieren und sie der Gruppe später als Bildprotokoll nachzureichen.

Technische Hinweise

Gruppengröße: acht Teilnehmer und mehr

Material: blauer und goldener Stoff, Plüschfische, Muscheln

Dauer: ca. 20–30 Minuten

Vorbereitung: Strand und Meer inszenieren, ggf. Musik

Meine ganz eigenen Ideen zur Methode

2.29 Seminarassistent „Horst Schredder"

Widerspruch provozieren durch einen notorischen Nörgler

Ziel

Pessimisten haben einen wichtigen Auftrag: Sie bringen die Optimisten und Idealisten dem Boden der Tatsachen wieder ein Stück näher. Deshalb halte ich es für sehr wichtig, durch einen gezielt eingesetzten Nörgler die Euphorie gelegentlich infrage zu stellen und zu schauen, ob es nicht doch irgendwo einen Problemnutzen gibt. Außerdem trägt der Seminarassistent dazu bei, festgefahrene Situationen zu lösen und Humor als Ressource zu nutzen.

Meine Idee dahinter / Ablauf

Mit dem Namen Horst habe ich in den letzten Jahren immer mehr Aufmerksamkeit erhalten. „Jeder sollte einen Horst haben" oder „Du bist ein Voll-Horst" sind Sprüche, die mir vermehrt begegnen. Nicht zuletzt durch Hape Kerkelings Figur „Horst Schlämmer" hat mein Vorname eine besondere Popularität erhalten. Horst Schlämmer war es denn auch, der mir seinerzeit die Rollenvorlage für meine Figur „Horst Schredder" lieferte.

Mit Seminarassistenten arbeite ich indes schon sehr lange, bereits 2013 beschrieb ich den „Kakatete", den „königlichen Kronentestträger", in einem Zeitschriftenartikel (Lempart 2013). Besonders ausdrucksstarke Charaktere können ein spannendes Gegengewicht zum „Original"-Seminarleiter liefern. Als Horst Schredder ist es viel leichter, Dinge zu generalisieren, zu bagatellisieren und zu demontieren, als ich es als Horst Lempart jemals tun könnte. Horst Schredder folgt seinen eigenen Gesetzen, hält es mit dem Respekt nicht immer so genau, und wenn es um seinen eigenen Vorteil geht, tritt er Argumente anderer Leute schon mal mit Füßen. Der Name „Schredder" erinnert daher nicht zufällig an einen Reißwolf, der wichtige Informationen einfach vernichtet, indem er sie schreddert. Horst Schredder macht seinem Namen also alle Ehre.

Die Figur baue ich immer dann in den Prozess eines Seminars ein, wenn ich der Meinung bin, die Gruppe hat sich gerade festgefahren oder wir benötigen eine weitere, eher unkonventionelle Perspektive. Durch Horst Schredders theatralischen Bühnenauftritt – mit Widerworten hat er so seine Probleme – entspannt sich die aufgeheizte Atmosphäre. Das Schöne ist, dass Horst Schredder schnell „aus dem Nichts" auftauchen und auch wieder verschwinden kann: Mithilfe einer Perücke und einer Lupenbrille habe ich den Charakter zügig in den Seminarraum gebracht. Voraussetzung ist, dass Sie als Seminarleiter großen Spaß am Rollentausch haben und aus dem Stegreif Texte entwerfen sowie Inhalte amüsant transportieren können. Hilfreich sind dafür ein paar Übungen zuhause vor dem Spiegel. Finden Sie eine Rolle, die gut zu Ihnen passt und die Sie gerne mit Leben füllen möchten. Als Training kann ich Ihnen Übungen aus dem Impro-Theater wärmstens empfehlen. Beispiele finden Sie in den Büchern von Charlotte Tracht („Mut zur Improvisation") und Evi Anderson-Krug („Einfach improvisiert"). Die genauen Angaben finden Sie im Literaturverzeichnis.

Meine Figur des „Horst Schredder" hat eine Überheblichkeit, wie wir sie von Hans Christian Andersens Figur des Kaisers kennen, der in seinen „neuen Kleidern" umherstolzierte. Kein Mensch würde sich trauen, den Einbildungen des Kaisers zu widersprechen. Zu erhaben und allgemeingültig sind sein Gebaren und Getue. Und eine ähnliche Inbrunst nehmen auch die Teilnehmer an der Figur des Horst Schredder wahr, der ganz nach der Überzeugung verfährt: „Das ist zwar nicht die Wahrheit, aber meine Meinung gefällt mir besser. Und daher hat jeder ein Recht auf meine Meinung!"

Ich lasse den Seminarassistenten regelmäßig, aber mäßig auftauchen. Man kann den Nutzen einer Figur nämlich leicht kaputt machen, wenn sie zu oft ins Spiel kommt. Mein Horst Schredder hat deshalb nie mehr als ein oder zwei Auftritte pro Seminartag. Wenn er für mich keinen Sinn macht, bleibt er auch in der „Rollenkiste". – „Weniger, aber gezielt, als mehr und inflationär" ist da meine Devise.

Spielräume

Welche Figur Ihnen am sympathischsten und am besten auf den Leib geschnitten ist, können nur Sie nur selbst entscheiden. Vielleicht wissen Sie sogar ganz spontan, welche Rolle Sie gut mit Leben füllen können. Für diejenigen, die kostümball-, theater- oder karnevalerprobt sind, ist die Rolle vielleicht schon klar. Sicherlich ist es hilfreich, wenn Sie sich selber vor dem Spiegel ausprobieren und ein paar vertraute Menschen nach Ihrer Wirkung fragen. Nur denken Sie daran: Es geht hier nicht um schauspielerische Perfektion, sondern um die Lust an der Verwandlung. Erlauben Sie sich, „perfekt unperfekt" zu sein und übertragen Sie Ihren Spaß auf die Teilnehmer.

Manchmal ist es hilfreich, die Rolle des „ewigen Meckerers", des „Weisen" oder der „Kichererbse" von einem Seminarteilnehmer übernehmen zu lassen. Dieser bekommt den Auftrag, sich gelegentlich zu Wort zu melden oder sich nach Aufforderung zu äußern: „Fragen wir an dieser Stelle doch einmal unseren Weisen …" Wer sich zur Übernahme einer solchen Rolle bereit erklärt, kann selbst entscheiden, ob er sich einen fantasievollen Namen gibt und sich verkleiden möchte. Erfahrungsgemäß steigt damit nicht nur der Spaß, sondern auch die Aussagen werden mutiger, weil man sich leichter hinter seiner Rolle verstecken kann. Bei mehrtägigen Veranstaltungen ist es auf jeden Fall hilfreich, die „Aufgaben" des Seminarassistenten auf mehrere Personen zu verteilen. So kommen verschiedene Interpretationen zusammen, was sehr belebend wirkt.

Wenn Sie weniger Gefallen haben an dieser Form des Rollenspiels, können Sie auch Räume zu „Spiel-Räumen" machen. Schaffen Sie hierfür entweder einzelne Bereiche innerhalb eines Raums oder nutzen Sie angrenzende Räume. Sie können dann die Gruppe dazu auffordern, in den „Raum der Weisheit" oder in den „Raum des Humors" zu wechseln und dort aus dieser Perspektive neue Denkansätze zu erspinnen.

Weitere Einsatzmöglichkeiten

Seminarassistenten tauchen bei mir ebenfalls auf, um eine Gruppe zu Beginn eines Seminars auf das Thema einzuschwören. So habe ich eine Impact-Ausbildung damit begonnen, dass ich die Teilnehmer beim Eintreffen in eine Art „Wartezimmer-Ecke" im Seminarraum begleitete. Ich führte dort eine erste „Untersuchung" durch, zwang ihnen meine Hilfe praktisch auf und machte sie so zu Hilfsbedürftigen. Eine solch überraschende Form des Ankommens und die unerwartete Figur des „Dr. Mundtot" sind wunderbare Aufhänger, um in das Thema „nachhaltige Bilder" einzusteigen.

Ich kann mir durchaus vorstellen, dass eine gut inszenierte Figur auch am Ende eines Seminars ein kraftvolles Bild verankern kann. Zugegeben, ich habe es bisher noch nicht getestet, aber ein „Hofberichterstatter", der Inhalte zusammenfasst und ein persönliches Feedback gibt, scheint mir doch sehr interessant zu sein.

Eine meiner NLP-Ausbilderinnen hatte in jedem Seminar eine kleine Stoffschildkröte dabei. Das war ebenfalls ein Seminarassistent, denn die Schildkröte stand für Entschleunigung und Schutz. Sie war dauerpräsent und erinnerte uns ständig daran, das Arbeitstempo im Auge zu behalten und gut für uns zu sorgen. Mit der Zeit wurde die Schildkröte zu einer Art „Maskottchen" in unserem Ausbildungsgang. Wenn sie mal fehlte, fehlte sie uns.

Technische Hinweise

Gruppengröße: sechs Teilnehmer und mehr
Material: Kostüm (je nach Rolle)
Dauer: ca. 5 Minuten
Vorbereitung: sich verkleiden

Meine ganz eigenen Ideen zur Methode

_____
_____
_____
_____
_____
_____
_____
_____
_____
_____
_____
_____
_____
_____
_____
_____
_____
_____

2.30 Das rote Sofa

Vier-Augen-Gespräche zu einem bestimmten Thema

Ziel

In einem Seminar pendelt die Aufmerksamkeit des Moderators immer zwischen den einzelnen Teilnehmern hin und her. Je nach persönlicher Betroffenheit bei einem Thema und bei ganz neuen Perspektiven kann es sinnvoll sein, einzelne Gäste vorübergehend zu einer Art „Vier-Augen-Gespräch" einzuladen. Der ursprüngliche Seminarcharakter verliert sich vorübergehend und die persönliche Begegnung von Mensch zu Mensch wird besonders hervorgehoben. In dieser Situation sind die anderen Anwesenden nicht mehr Akteure, sondern finden sich in der Zuschauer- und Zuhörerrolle wieder. Das Format eignet sich auch für Teilnehmer, die ansonsten eher still sind und eine Art „geschützten Raum" brauchen.

Meine Idee dahinter / Ablauf

Im NDR gibt es eine Sendung mit dem Titel „DAS! bewegt". Der Moderator unterhält sich mit ausgewählten Persönlichkeiten, die zu einem speziellen Thema eine eigene Geschichte zu erzählen haben. Die Gespräche finden auf einem roten Sofa statt und wirken fast „intim", weil so eine kuschelige Wohnzimmeratmosphäre entsteht. Auf dieser Idee baut auch meine agile Methode auf.

Das rote Sofa ist schnell hergerichtet. Drei Stühle ohne Armlehnen zusammengestellt, an den Seiten jeweils einen weiteren Stuhl etwas schräg angestellt, einen roten Überwurf darüber – und fertig ist das rote Studiosofa. Weil es so einfach ist, eignet es sich toll für eine spontane Intervention, wenn sich z. B. bei einem Teilnehmer eine besondere Betroffenheit zeigt oder sich eine Art „inhaltlicher Exkurs" abzeichnet. Dafür gibt es vorübergehend „exklusive Sendezeit". Wichtig ist, dass das „rote Sofa" nicht zur Bühne für Selbstdarsteller verkommt. Daher sind ein moderater Einsatz und eine zeitliche Beschränkung unbedingt empfehlenswert. Mit einem Beistelltisch vor dem Sofa, auf den man zwei Gläser Wasser platziert, ist die Studioatmosphäre fast komplett.

Für die Sofa-Gäste ist es hilfreich, ihnen das Format kurz zu erklären. Manche sind aufgeregt, weil allein schon die Farbe Rot Aufmerksamkeit auf sie lenkt. Sie befürchten, nun unter besonderer Beobachtung zu stehen. Daher ist es wichtig, ihnen durch ein paar wohlwollende Worte die Anspannung zu nehmen:

„Schön, dass du dich bereit erklärt hast, mit mir hier auf dem roten Sofa Platz zu nehmen. Am Anfang ist oft etwas Aufregung dabei, wenn die Zuschauer ihre Blicke auf uns richten. Aber das legt sich schnell, wenn wir beide erst mal ins Thema eingestiegen sind. Und irgendwann vergisst man sogar, dass man überhaupt in einem Studio sitzt. – Du hast gesagt ..."

Das rote Sofa ist keine Talkshow, in der verschiedene Gäste zusammenkommen und unterschiedliche Meinungen vertreten. Solange der Gast auf dem Sofa sitzt, gibt es auch keine Publikumsfragen. Wenn das Gespräch beendet und der Gast verabschiedet ist, frage ich ihn, ob er Fragen erlauben möchte. Dann wird die restliche Gruppe wieder zum Mitgestalter. Aber das Format „rotes Sofa" ist damit beendet. Die kurze Zeit auf dem Canapé ist ausschließlich dem Seminarleiter und seinem Gast vorbehalten.

Spielräume

Es muss nicht zwangsweise ein rotes Sofa sein. In manchen Foyers finden sich sehr bequeme Stühle oder kleine Sessel, die einen einladenden Kontrast bieten zu den üblichen Seminar-Stapelstühlen. Mit ein paar Handgriffen hat man eine nette Ecke im Seminarraum hergerichtet. Idealerweise sitzen Sie mit Ihrem Gast nicht direkt an der Fensterfront. Erstens könnte das Publikum unnötig abgelenkt werden, zweitens schaut man direkt gegen das Licht. Suchen Sie sich also einen Platz im Raum, der gute Lichtverhältnisse hat und möglichst frei ist von optischer Ablenkung.

Sie können das rote Sofa auch als Talk-Fläche anbieten, auf die sich Freiwillige zu Ihnen setzen. Greifen Sie sich zum Beispiel einen Aspekt des Seminarthemas heraus und laden Sie die Teilnehmer ein, sich der Reihe nach zu Ihnen zu setzen. Dafür braucht es allerdings ein paar genauere Regel. Zum Beispiel begrenze ich die Zeit pro Talk-Gast, jeder kommt pro „Sendung" nur einmal zum Zug und es sind keine Zuschauerkommentare erlaubt.

Eine interessante Variante setzen Sie, wenn Sie als Gastgeber auf dem roten Sofa einen besonderen Stil vertreten. Sie können besonders einfühlend sein, aber auch eine provokative, humorvolle oder skeptische Haltung kann spannende Aspekte zum Thema an die Oberfläche bringen. Spielen Sie einfach mit den unterschiedlichen Gastgeberrollen.

Weitere Einsatzmöglichkeiten

Das Sofa lässt sich gut in einer Vorstellungsrunde einsetzen, wenn sich die Teilnehmer untereinander nicht kennen. Ich bitte jeweils ein Paar, auf dem Sofa Platz zu nehmen. Einer von beiden schätzt den anderen ein: Welche Ausbildung hat er, was sind seine Hobbies, gibt es einen Partner, mag er Hunde, hat er Geschwister? Etc. Er klopft also richtig auf den Busch und tut so, als wüsste er gut über den Gesprächspartner Bescheid. Dieser setzt dazu ein Pokerface auf und offenbart erst am Ende der Spekulationen, was alles passte – oder auch nicht. Der Wechsel vom Seminarstuhl auf das rote Sofa löst bei den Beteiligten einen Rahmenwechsel aus: Sie stellen sich zur (An-)Schau und erleben sich im Mittelpunkt der Blicke.

Technische Hinweise

Gruppengröße: sechs Teilnehmer und mehr

Material: Stühle, roter Stoff, ggf. Kissen

Dauer: ca. 5–10 Minuten

Vorbereitung: rotes Sofa herrichten

Meine ganz eigenen Ideen zur Methode

_____
_____
_____
_____
_____
_____
_____
_____
_____
_____

2.31 Europakonferenz

Verhandlungskompetenz und Kompromissbereitschaft entwickeln

Ziel

Die Teilnehmer sollen durch diplomatisches Geschick gemeinsam eine Lösung entwickeln, bei der „Land gutgemacht wird". Dabei geht es nicht ausschließlich um das größte Stück, sondern auch um die strategisch beste Ausgangsposition. Die Teilnehmer sind aufgefordert, die Komplexität der Landkarte genau im Auge zu behalten und systemisch zu denken.

Meine Idee dahinter / Ablauf

Ein Leitsatz des NLP, der mir besonders gut gefällt, lautet: „Die Landkarte ist nicht die Landschaft." Zur Klärung von Problemen ist es trotzdem hilfreich, sich die Landkarte genau anzuschauen, mit der Menschen (Teams, Organisationen, Familien …) unterwegs sind. Um das begreifbar zu machen, bringe ich in meine Coachings und Trainings oft einen Stadtplan von Berlin mit. „Das ist Berlin – oder besser: das ist eine Karte von Berlin. Manche Menschen sind in München unterwegs und orientieren sich an einem Berliner Stadtplan. Das ist wenig Erfolg versprechend. Trotzdem halten sie an den alten Plänen fest, weil sie sich so gut auf der Landkarte auskennen. Allerdings beklagen sie sich, wenn sie dann in eine Sackgasse geraten oder gegen die Wand fahren."

Über die Arbeit mit dieser Landkarte bin ich auf die Idee der „Europakonferenz" gekommen. Dazu male ich die Konturen von Europa auf ein Flipchart oder besser noch auf eine große Pinnwand. Die Teilnehmer bekommen nun die Aufgabe, so viele Länder in Europa unterzubringen, wie es Teilnehmer gibt. Jeder von ihnen ist das Staatsoberhaupt eines Landes. Die Ländernamen können realistisch oder frei erfunden sein. Es geht darum, ein neues Europa entstehen zu lassen. Ziel ist es, dass ein multilateraler Staatsvertrag unterschrieben wird, bei dem alle Staatsoberhäupter mit ihrem Ergebnis zufrieden sein können. In einer Art Abschlusserklärung einigen sich die Staatsoberhäupter auf die erzielten Ergebnisse. Außerdem hat jeder den Auftrag, durch eine Regierungserklärung die Resultate seinem Volk zu verkaufen.

Die Übung zeigt besonders gute Wirkung in Gruppen, die an ihrer Konfliktfähigkeit arbeiten möchten. Auch im Verhandlungstraining setze ich sie ein, weil sie den jeweiligen Staatsoberhäuptern eine ordentliche Überzeugungsarbeit abverlangt.

Ein fester Zeitrahmen ist nötig, sonst ufern die Verhandlungen leicht aus und die Methode nutzt sich ab. Außerdem wird durch ein limitiertes Zeitkontingent die lösungs- und zielorientierte Haltung gefördert. Ich arbeite bei acht Staatsoberhäuptern mit einem Zeitrahmen von 20 Minuten. Das sind gerade einmal 2,5 Minuten Zeit pro Kopf, was nicht nach viel klingt, aber nicht die Redeanteile sind hier wesentlich. Es geht mehr um das (geo-)strategische Denken, um Allianzen, manchmal auch um den einzigen passenden Kommentar zur rechten Zeit.

Damit das Grenzen-Ziehen und der Verlauf sichtbar werden, lege ich Stifte in unterschiedlichen Farben bereit. Für die ersten Grenz-Entwürfe eignen sich Bleistifte oder dünne Buntstifte, für das spätere Grenzen-Ziehen dicke Fasermaler.

Spielräume

Bei großen Gruppen können sich einzelne Kleingruppen zusammenfinden und Staaten gründen. Danach ernennen sie einen Stellvertreter zum Staatsoberhaupt, der die Verhandlungen an der Landkarte übernimmt. Selbstverständlich können vorab Ziele oder Mindestanforderungen in den einzelnen Regierungskoalitionen abgesprochen werden.

Das Ganze funktioniert natürlich auch mit einer Landkarte von Deutschland. Dann werden eben die Bundesländer neu aufgeteilt. Selbst mit einem Stadtplan von München oder einer anderen Stadt wäre es möglich, die Stadtteile neu zu verhandeln. Letzteres ist eine interessante Variante, wenn die Teilnehmer alle aus einem Ort kommen und das Seminar einen besonders starken regionalen Bezug haben soll.

Grundsätzlich kann die Idee auch losgelöst von der Landkarte auf eine betriebliche Organisation Anwendung finden. Sie können zum Beispiel vorhandene Ressourcen (Mitarbeiter, Kapital, Rohstoffe etc.) auf verschiedene Abteilungen aufteilen lassen. Dann bekommt die Methode fast schon Planspielcharakter. Machen Sie es allerdings nicht zu komplex, sonst geht die Dynamik verloren und auch die Zeit reicht nicht, um schnelle Entscheidungen zu treffen.

Weitere Einsatzmöglichkeiten

Auch das gemeinschaftliche Malen an einem Bild ist eine Möglichkeit, um gemeinsam eine Lösung zu entwickeln. Ich lasse hier für Paare, kleine Gruppen oder sogar ganze Teams ein Bild zeichnen, das im Zusammenhang mit dem Seminarthema steht. Das Bild ist erst dann vollendet, wenn jeder das Gesamtergebnis für gut befindet. Jeder kann innerhalb des vorgegebenen Zeitrahmens Ergänzungen oder

Korrekturen vornehmen. In dieser Form des Miteinanders wird besonders schön der ergebnisoffene Aspekt deutlich. Man weiß nicht, welcher Pinselstrich als nächstes erfolgen wird und welche Auswirkung dieser auf die Gesamtkomposition hat. Sich aufeinander einzulassen und aus den gegebenen Bedingungen das Beste zu machen ist dabei die Herausforderung.

Zum Abschluss einer Veranstaltung können Sie die Teilnehmer in einer Art „Rat der Weisen" an einen Tisch bringen: raus aus dem Stuhlkreis, ran an einen Stehtisch. Dort findet eine Lagebesprechung oder Zukunftsplanung statt. Auf ausgelegten großen Papierbögen hält jeder der Teilnehmer einen zentralen Gedanken fest, den er aus dem Seminar mitnimmt. Einzige Regel: keine Dopplungen! Damit entsteht zum Ende der Veranstaltung ein schöner Flickenteppich an Eindrücken. Ist es eine firmeninterne Veranstaltung, bleiben die Notizen bei den Teilnehmern. Ist es ein offenes Seminar, fotografiere ich das Ergebnis und sende das Bildprotokoll an alle Teilnehmer.

Technische Hinweise

Gruppengröße: sechs Teilnehmer und mehr
Material: Flipchart, Flipchartmarker, Buntstifte
Dauer: ca. 20 Minuten
Vorbereitung: die Umrisse des Kontinents Europa malen

Meine ganz eigenen Ideen zur Methode

_____
_____
_____
_____
_____
_____
_____

2.32 Im Trüben fischen

Sinn geben, statt danach zu suchen

Ziel

Antworten auf Fragen finden wir oft, wenn wir nicht nach ihnen suchen. Die Methode soll das freie Assoziieren fördern und Augen wie Ohren offen halten für die Impulse, die manchmal direkt vor unseren Füßen liegen. Die Übung verlangt ein neues Denken in ungewohnten Denkrahmen. Die Teilnehmer verlassen festgefahrene Denkmuster. Sie schaffen Neues, in dem sie Ungewohntes zusammensetzen.

Meine Idee dahinter / Ablauf

Schon immer arbeite ich gerne mit Sinnsprüchen. Ähnlich wie Bilder erlauben sie unterschiedliche Interpretationen. Klienten erhalten so die Möglichkeit, für sich ihren „Eigen-Sinn" daraus zu ziehen oder eine Idee auch zu verwerfen. Sinnsprüche geben eine Überzeugung wieder, aber es ist nicht die Überzeugung des Coaches oder die eines Teilnehmers, sondern eines unbeteiligten Dritten. Dadurch wird es leichter, sie kontrovers zu diskutieren und als weitere Option ins Spiel zu bringen.

Die Anregung zu dieser Methode kam mir beim Lesen des Buches „Die große Metaphern-Schatzkiste" von Holger Lindemann. Dort finden sich folgende Aussagen: „Ein entscheidendes Grundprinzip der [...] Arbeit mit Metaphern ist der Perspektivwechsel. [...] Eine ganz pragmatische Form des Perspektivwechsels stellt die Veränderung von Rahmenbedingungen dar, wodurch es dem Klienten ermöglicht wird andere Erfahrungen zu machen. Dies kann geschehen, indem [...] Rollen getauscht werden [...]" (2017, S. 27). Durch das Anbieten von Sprüchen, Metaphern oder positiven Glaubenssätzen erhalten die Teilnehmer genau diese Möglichkeit zum Perspektivwechsel. Dabei muss der Spruch auf den ersten Blick gar nicht zum Thema oder Problem passen. Genau in der Transferleistung liegt die Konstruktion einer neuen Wirklichkeit. Ich nutze diese Technik zum Beispiel auch in Kreativitätstrainings. Dann stelle ich völlig willkürliche Verbindungen her zwischen zwei Themen bzw. Produkten. Dann bekommen die Teilnehmer die Aufgabe, eine Verbindung herzustellen, Gemeinsamkeiten zu betonen oder Analogien zu erfinden, welche die inhaltliche Verbindung herstellen. Auch das ist ein Ansatz aus dem Improvisationstheater. Man drückt dort den Schauspielern irgendwelche Gegenstände in die Hand oder wirft ihnen Stichworte zu, die sie in die laufende Szene einbauen müssen. Diese Übung macht allen Beteiligten erfahrungsgemäß sehr viel Spaß.

Mit blauem Stoff inszeniere ich wieder einen Teich oder See. Ein paar Plüschfische und Blumen am Rand sorgen für die richtige Atmosphäre. Dann bekommen die Teilnehmer den Auftrag, einen Spruch, der ihnen gerade einfällt, verdeckt auf eine Karte zu bringen. Moderationskarten in Fischform, die schnell geschnitten sind, machen sich übrigens – wenn man die Zeit dafür hat – besonders gut. Nehmen Sie den Teilnehmern den Druck, dass die Aussage zum Problem oder dem Thema passen muss, denn darum geht es ja gerade nicht. Der spontane Gedanke zählt. Es können auch Lieblingssprüche sein oder selbst erschaffene Lebensweisheiten. Die Karten mit den Sprüchen werden nun mit der Schrift nach unten in den See gelegt.

Dann „angelt" sich jeder der Anwesenden einen fremden Spruch aus dem See – er fischt also im Trüben, da er nicht weiß, was er an der Angel haben wird. Die Aufgabe ist es nun, einen spontanen Zusammenhang herzustellen zwischen dem Spruch und dem Thema. Motto könnte hier der Titel von Ludger Kühling sein: „Das Problem, der Spruch, die Lösung". Die gesammelten neuen Ideen werden zusammen mit den Sprüchen an einer Pinnwand visualisiert, sodass eine Art „Aquarium" entsteht mit vielen Denkanstößen und Impulsen. Lassen Sie die Anwesenden vor die Pinnwand treten und die Sprüche nachwirken. Oft kommt dann eine zweite Welle an Interpretationen. Die Gruppe kann nun entscheiden, welchen Gedanken sie weiterverfolgen möchte.

Spielräume

Wenn Sie wenig Zeit haben oder die Gruppe sich schwertut mit dem Zusammentragen von Sinnsprüchen, können Sie vorbereitete Karten nutzen. Das Internet und Sprüchesammlungen halten ein großes Angebot bereit. Und auch ohne Teich können Sie die Teilnehmer Sprüche ziehen lassen, um frei darauf zu assoziieren. Doch unterschätzen Sie nicht die Kraft der Bilder. Oft wirken die Übungen so gut nach, weil die Arbeitstitel und die damit verbundenen Metaphern einen sehr einprägsamen Effekt haben. Auch der Ort ist entscheidend für die Erlebnisintensität der Übungen. Gerade bei dieser „Teich-Übung" kann es sehr vorteilhaft sein, das Fischen kurzerhand vor die Tür ins Freie zu verlegen. Sie erreichen dadurch nicht nur einen räumlichen Perspektivwechsel, sondern nutzen auch noch die Natur für ein stimmiges Gesamtbild.

Bei besonders kreativen Gruppen lade ich die Teilnehmer dazu ein, ausnahmslos neue Sinnsprüche zu entwickeln. Erlaubt ist immerhin, dass Teile von bekannten Sprüchen neu zusammengebaut werden. Ich nenne die Übung dann „Sprücheklopfer" (2.25). In nahezu jeder Gruppe gibt es Teilnehmer, die sich mit dem Sprücheklopfen sehr leichttun. Die dürfen gerne anfangen und die anderen motivieren, es ihnen gleichzutun. Schon beim Aufschreiben der Neuschöpfungen entsteht in der

Regel viel Gelächter. Die Heiterkeit ist eine gute Basis für die weitere Arbeit, schafft sie doch eine hilfreiche Entspannung für den anschließenden kreativen Prozess.

Eine ähnliche Wirkung wie mit den Sprüchekarten erreichen Sie auch mit Bildkarten. An Bildkartensets gibt es inzwischen ein umfangreiches Angebot. Mir gefallen die Kartensets von Roman Hoch gut, die im Beltz-Verlag erschienen sind. Die Vorgehensweise ist analog zu der bei den Sprüchen. Sie legen die Karten mit der Bildseite nach unten in den Teich und lassen die Teilnehmer „Antworten und Lösungen" angeln. Natürlich können Sie auch eigene Bilder nutzen oder Zeitungsmotive laminieren.

Weitere Einsatzmöglichkeiten

Das „Fischen in fremden Teichen" ist Ihnen bereits aus Methode 2.3 bekannt. Dort ging es aber um verfügbare Ressourcen, die die Teilnehmer untereinander multiplizieren können. Das Bild des Sees, Teiches oder Gewässers hat einfach eine große metaphorische Kraft, gerade auch für die Arbeit in der Beratung.

Es gibt das Kulturmagazin „Perlentaucher" – ein schöner Name –, um sich in der Literatur an Impulsen zu bedienen. Auch gibt es mittlerweile kurze Storys für den Einsatz in Coaching & Beratung, z. B. in der Sammlung „Erzählbar II" (Heß 2017). Auch ich habe dort eigene Storys veröffentlicht. Im Einzelcoaching lasse ich meine Klienten gelegentlich per Fingerstopp eine Geschichte auswählen. Sie lesen sie dann selbst vor. Im Anschluss unterhalten wir uns darüber, welche Botschaften die Geschichte zum Klientenanliegen bereithält.

Sie können die Übung auch mal ins Gegenteil verkehren und Probleme dem trüben Wasser übergeben. Dazu lassen Sie die Teilnehmer Fragen oder Probleme, die es (noch) zum Thema gibt, auf Moderationskarten schreiben und dem Wasser übergeben, wieder mit der Schrift nach unten. Alle schreiben auf gleichfarbige Karten, damit nicht erkennbar ist, von wem welche Karte stammt. Anschließend fischen sich die Anwesenden jeweils eine Karte heraus und schlagen eine Antwort vor. Wer nichts im Angebot hat, legt die Karte verdeckt zurück in den Teich, sodass folgende Teilnehmer erneut auf sie zugreifen können. Am Ende sollte möglichst keine Karte im Trüben bleiben. Fällt der Fang geringer aus als erwartet (bleiben also Karten im Wasser), wird nicht nach weiteren Antworten oder Lösungen gesucht. Spannend ist es dann, über eine andere Fragestellung nachzudenken, die vielleicht sogar schon eine Brücke zum Ziel baut. Doch an diese neue Fragestellung schließt sich keine weitere Suche nach Antworten an.

Technische Hinweise

Gruppengröße: sechs Teilnehmer und mehr
Material: blauer Stoff, Plüschfische, Kunstblumen, (Karten in Fischform)
Dauer: ca. 15–20 Minuten
Vorbereitung: Teich inszenieren

Meine ganz eigenen Ideen zur Methode

___
___
___
___
___
___
___
___
___
___
___
___
___
___
___
___
___
___
___
___

2.33 Der Taschenspieler

Lerntransfer in den Alltag sicherstellen

Ziel

Die eigentliche Arbeit beginnt nach dem Seminar. Dann nämlich, wenn die neuen Erfahrungen auf ihre Alltagstauglichkeit hin überprüft werden müssen. Diese Übung unterstützt dabei, die Aufmerksamkeit auf die neuen Handlungsoptionen zu lenken. So können die Teilnehmer überprüfen, wie gut sie mit alternativen Denk- und Verhaltensweisen zurechtkommen. Für die nächste Seminareinheit ergeben sich so Erfahrungswerte zur Wirksamkeit des zuvor Gelernten.

Meine Idee dahinter / Ablauf

Unter der Bezeichnung „Der Erbsenzähler" ist mir diese Übung im Coaching begegnet. Ich fand die Idee zu gut, um sie dem Einzelcoaching vorzubehalten. Die Transferhilfe lässt sich genauso gut in Gruppen einsetzen, wenn man über mehrere Tage oder in Blöcken zusammenarbeitet. Anstelle von Erbsen greife ich gerne auf Centstücke zurück, weil ich damit die Aussage des „Wertes" besser transportieren kann. Die Erbse ist allerdings ein schönes Bild für einen aufgehenden Samen, der schließlich Früchte trägt. Vielleicht finden Sie noch einen ganz anderen hilfreichen Gegenstand, der Ihnen einen passenden Titel liefert.

Bei Seminar-Übungen, die zum Ausprobieren im Alltag einladen, kommt bei mir auch die „Taschenspieler"-Übung zum Einsatz. Es ist egal, ob es um ganz praktische Tätigkeiten geht, um das Ausprobieren neuer Denkweisen oder auch um das Mitzählen zufriedener (oder erfolgreicher, selbstwirksamer, kraftvoller …) Momente. Alles, was sich in irgendeiner Form zählen lässt, kann zum „Taschenspieler"-Trick werden.

Ich halte immer hundert Ein-Cent-Münzen bereit. Bei zehn Teilnehmern sind das pro Nase zehn Münzen. Man könnte auch Spielgeld nutzen, aber ich finde, dass richtige Münzen viel besser für das Taschenspiel geeignet sind. Jeder Teilnehmer bekommt also seinen Anteil an den Münzen und soll diese in einer der beiden vorderen Hosentaschen verschwinden lassen. In diese Taschen verschwinden nämlich gerne die Hände, die dann spielerisch in Kontakt kommen mit den Transfermünzen. Wer keine Hosentaschen hat, nutzt halt die Jackentaschen oder einen anderen Aufbewahrungsort, der nah am Körper liegt und regelmäßig von den Händen „heimgesucht" wird. Kreative Ausreden erfordern kreative Lösungen.

Bei jedem erfolgreichen Transfer der neuen Lerninhalte wandert nun ein Centstück von der einen in die andere Hosentasche. Der Fingerkontakt mit den Münzen ist also nicht nur eine Erinnerungshilfe, sondern das Wandern von der einen in die andere Tasche ermöglicht auch das Quantifizieren erfolgreicher Versuche. Am Ende steht jede gewanderte Münze für eine erfolgreiche Umsetzung im Alltag.

In der nächsten Seminareinheit erfolgt die Auswertung: Wer hat wie viele Taschenspielereien zusammenbekommen? Weiterführende Fragen können lauten: Was fiel leicht, was schwer? Was hat sich nach mehrfachem Ausprobieren verändert? Was war hilfreich? Was war hinderlich? Was wird noch gebraucht?

Im Gruppenrahmen sind diese Rückmeldungen sehr hilfreich. Die Teilnehmer können gemeinsam Erfolge feiern, sich aber auch Mut zusprechen und einander Hilfestellungen anbieten. Auch der Vergleich untereinander, wer wie viele Centstücke wandern ließ, lädt zu Gesprächen ein. Diese finden oft schon statt, bevor ich die Auswertung der Übung einleite. Zu groß ist die Neugier auf das Abschneiden der anderen.

Spielräume

„Abgerechnet wird zum Schluss" ist der Titel eines Western aus dem Jahre 1970. Ich finde, der Titel eignet sich gut für das Abrechnen des Seminarerfolgs. Aus diesem Grund nutze ich den Namen zum Ende einer Veranstaltung, wenn ein persönliches Resümee gezogen wird. Dann kann jeder aus einer Handvoll von Centstücken abzählen, was er an wichtigen Impulsen und Nutzen mitnehmen wird. Damit wird der Cent zum „Glückscent" und zum Symbol für Entwicklung. Ich habe Karten mit einem Glückscent vorbereitet, die ich den Teilnehmern gelegentlich am Ende einer Veranstaltung mit auf den Weg gebe.

Es bietet sich an, die Centstücke schon zu Beginn des Seminars zu verteilen. Bei jedem „Aha-Effekt" sollen die Teilnehmer dann einen Cent von der einen in die andere Tasche wandern lassen. So geht auch keine gute Idee verloren. Manchmal wandern Münzen auch bei einem guten Gefühl, zum Beispiel beim gemeinsamen Lachen. Da in meinen Seminaren viel gelacht wird, kommt es daher schon mal vor, dass einzelne Mitstreiter um Münz-Nachschub bitten. Aber selbst dann, wenn nur ein einziger Cent die Tasche gewechselt hat, kann er ein wertvolles Stück sein. Und sollte mal ein Teilnehmer so gar nichts für sich gewinnen können, dann passt das für mich auch. Ich passe eben nicht für jeden.

Weitere Einsatzmöglichkeiten

Wie bereits erwähnt, habe ich die Übung im Einzelcoaching kennengelernt. Sie können Ihren Klienten dazu einladen, die „Laborergebnisse" der Coachingstunde im Alltag im Hinblick auf ihre Wirksamkeit auf Herz und Nieren zu testen. Drücken Sie ihm dazu einfach eine Menge an Centstücken in die Hand und erklären Sie ihm den Ablauf. Da im Einzelcoaching mehr Zeit zur Verfügung steht, kann der Klient zu jedem Centstück noch kurz notieren, was es konkret mit welcher Münze auf sich hatte. Eine ganz schöne Variante ist es, wenn er seine Gedanken auf einer Metaplankarte schriftlich festhält und den Cent dazuklebt.

Mit „Münz-Guthaben" lässt sich noch ganz anders spielen. So könnten Sie zum Beispiel für jedes Unterbrechen fremder Redebeiträge einen Cent kassieren oder ermöglichen, dass Teilnehmer sich mit einem Cent Redebeiträge in Länge von einer Minute erkaufen. Immer dann, wenn es um eine Art „Ressourcenkonto" geht, macht das Arbeiten mit Centstücken richtig Spaß. So wird sichtbar, dass sich Guthaben (auch in Form von Beziehungskredit) aufbraucht. Im Rahmen einer Moderation habe ich eine Gruppe erlebt, die von sich aus an der alten Tradition festhalten wollte, für jedes Zuspätkommen und jede Unterbrechung fünf Euro in ein Sparschwein zu werfen.

Technische Hinweise

Gruppengröße: fünf Teilnehmer und mehr

Material: ausreichend Centstücke

Dauer: ca. 15–20 Minuten

Vorbereitung: keine

Meine ganz eigenen Ideen zur Methode

_____

_____

_____

_____

_____

2.34 Summa summarum

Bilanzziehen auf den „Zeit-Punkt" gebracht

Ziel

Die Übung „Summa summarum" ist ein Ausredenblocker. Sie beugt den strapazierten Ausweichmanövern „keine Zeit" und „vergessen" vor. Mithilfe technischer Unterstützung wird die Selbstreflexion zu einer Art täglichem Ritual. Dabei kann der Erinnerungsrhythmus vollkommen individuell eingerichtet werden, abhängig vom Thema, den Teilnehmern und der persönlichen Relevanz – das Handy macht's möglich.

Meine Idee dahinter / Ablauf

Haben Sie schon einmal eine Dauerblutdruckmessung mitgemacht? Man bekommt eine Armmanschette umgelegt, die sich in einem festen Zeitrhythmus aufpumpt, um den Blutdruck zu messen. Das Ganze dauert 24 Stunden, läuft also auch die ganze Nacht durch. Durch diese (wenig erholsame) Erfahrung kam ich auf die Idee zur Übung. Es ist schon hilfreich, wenn man regelmäßig automatisch „auf den Prüfstand" gestellt wird. Es muss zwar nicht im halbstündigen Rhythmus sein, aber alle 24 Stunden finde ich durchaus vertretbar. Die Methode kommt bei Blockseminaren zum Einsatz oder zur Nachbearbeitung.

Wieder einmal kommt das Smartphone zum Einsatz, genauer gesagt dessen Wecker. Die Seminarteilnehmer stellen ihn auf eine Uhrzeit, zu der sie mit großer Wahrscheinlichkeit etwa fünf Minuten „Auszeit" einbauen können. Es macht keinen Sinn, den Wecker auf 16.30 Uhr zu programmieren, wenn ich weiß, dass ich dann in der U-Bahn sitze oder hinter dem Lenkrad. Aber jeder hat wohl seine eigenen Möglichkeitszeitfenster. Am Anfang ist es hilfreich, die zur Reflexion dienende Auszeit recht knapp zu halten, weil die Teilnehmer sie dann mit größerer Wahrscheinlichkeit gut füllen können. Wenn jemand die kurze Reflexionszeit zu genießen beginnt, steht es ihm frei, sie zu verlängern.

Mit dem Einsetzen des Klingeltons gilt es, bestimmt Aspekte des Tages zu reflektieren, beispielsweise: Was ist mir heute alles gelungen? Wo konnte ich heute meine Fähigkeiten gut einsetzen? Wo habe ich heute Bestätigung erhalten? Wer hat mich heute überrascht? Etc. Die Fragen müssen bestimmte Aspekte des Seminarthemas ausleuchten bzw. auf die Ressourcen und Selbstwirksamkeitserfahrungen der Teilnehmer fokussieren. Die Erinnerungshilfe, der Klingelton, ermöglicht ein konsequentes Bewusstmachen der eigenen Erfolgserlebnisse. Natürlich fällt die persönliche Bilanz nicht immer nur positiv aus. Das ist sogar der Normalfall, denn Misserfolge und Bauchlandungen gehören zum Leben. Umso wichtiger ist es, regelmäßig zu schauen, wie sich Gutes und Schlechtes verteilen, um „mehr vom Guten" zu ermöglichen.

Bei der Übung „Summa Summarum" geht es aber nicht allein um eine tägliche Erfolgsbilanz. Sie können auch praktische Aufgabenstellungen mit ihr verknüpfen. Ich fordere dazu jeden Teilnehmer auf, eine für ihn bedeutsame und konkrete Aufgabenstellung zum Thema für sich zu formulieren. Das kann von einer kurzen Meditation über ein Stimmtraining bis hin zur Körperwahrnehmung vor dem Spiegel so ziemlich alles sein. Wichtig ist, dass es auch getan wird. Die meisten Veränderungs- bzw. Entwicklungsprozesse scheitern nicht am Wissen, sondern an der Umsetzung. „Summa summarum" ist also auch eine Umsetzungshilfe. In welchen Intervallen die Teilnehmer den Wecker klingeln lassen, hängt von der individuellen Bedeutung und den zeitlichen Möglichkeiten ab. Ich hatte schon Mitwirkende, die sich bis zu dreimal pro Tag den Wecker stellten, um Meilenstein-Ergebnisse auf den Prüfstand zu stellen.

In der nächsten Stunde wird über die Erfahrungen mit der Übung und die praktische Umsetzung der Arbeitsaufträge gesprochen. Manche Teilnehmer berichten, dass es anfangs etwas ungewohnt war, sich an die Aufgabe und das Tun erinnern zu lassen. Allerdings kommt auch die Rückmeldung, dass dadurch die Verbindlichkeit, wirklich aktiv zu werden, spürbar steigt. Darin liegt ein großer Nutzen von „Summa summarum". Ohne Ausprobieren und Vertiefen der Laborerfahrungen im Seminar ist eine Verankerung im Alltag schwer möglich. Nur durch konsequentes Testen kann man beurteilen, ob etwas „brauchbar" oder „nicht brauchbar" ist. Früher habe ich immer wieder erlebt, dass ein Großteil der Gruppe zum nächsten Termin erschien mit dem Hinweis „Ich habe es gar nicht ausprobiert". Schade, Entwicklung findet außerhalb des Seminarraums statt.

Ach ja: Die Weckfunktion gibt es auch in den alten Mobiltelefonen. Und selbst in digitalen Armbanduhren gibt es einen Wecker. Wer aber definitiv keine Alarmfunktion zur Hand hat, kann natürlich auch zu Hause den Radiowecker zur Hilfe nehmen. Ausreden gibt es hier nicht!

Spielräume

Eine schöne Variante besteht darin, dass sich die Teilnehmer untereinander an ihre Aufgaben erinnern. Dazu finden sich Paare, die ihre Telefonnummern austauschen und sich über einen abgesprochenen Zeitraum zu festgelegten Zeiten anrufen. Der Vorteil ist, dass neben der Erinnerungsfunktion oft noch ein Gespräch über die Erfahrungen stattfindet – gegenseitige Motivation inklusive. Und wenn man merkt, dass es Mitstreiter gibt, die aufeinander achten, ist das eine zusätzliche Triebfeder.

Übrigens: Der Wecker am Mobiltelefon funktioniert auch dann, wenn das Gerät lautlos gestellt ist. Ich stelle mir deshalb auch den Wecker, um zum Ende eines Tages ausreichend Zeit für ein Resümee bzw. Feedback zu haben. Wenn ich die Methode selbst anwende und zudem erkläre, wie wichtig diese Zeit des Prüfens ist, kommt bei den Teilnehmern noch viel deutlicher an, welchen Wert diese Intervention hat.

Weitere Einsatzmöglichkeiten

Wenn es darum geht, Gefühle oder Stimmungen einzufangen, ist eine wiederholte Erinnerung über den Tag hinweg sehr hilfreich. Einen halbstündigen Rhythmus halte ich zwar immer noch für strapaziös, aber Drei- bis Vierstundenintervalle sind für eine Überprüfung der eigenen Gefühle sehr hilfreich. Innerhalb eines Seminars „Die Macht der Gefühle" habe ich zum Beispiel die Aufgabe gestellt, innerhalb der nächsten drei Tage zwischen 9.00 Uhr und 21.00 Uhr im Dreistundenrhythmus die eigene Befindlichkeit festzuhalten: Wie fühle ich mich? Was denke ich dabei? Was ist dem gerade als Handlung vorausgegangen? Diese Aufzeichnungen sind enorm wichtig für die weitere Arbeit an den eigenen Gefühlen und deren Beeinflussbarkeit. Summa summarum: Wir sind unseren Gefühlen nicht ausgeliefert.

Statt des Weckers können Sie auch auf die Kalenderfunktion Ihres Mobiltelefons zurückgreifen und sich in Tagesabständen erinnern lassen. In Seminaren wie im Einzelcoaching ist das eine schöne Variante, um die Klienten eine Zwischenbilanz ziehen zu lassen. Gerade im Rahmen der Evaluierung ist es wichtig, die Wirksamkeit der Maßnahme zu überprüfen. Dann trägt der Klient seinen Teil der Verantwortung dafür, die erarbeiteten Ergebnisse zu bewerten und ggf. weitere Maßnahmen daraus abzuleiten.

Technische Hinweise

Gruppengröße: fünf Teilnehmer und mehr
Material: Mobiltelefone
Dauer: ca. 5 Minuten Alltagstest, ca. 15–20 Minuten Auswertung
Vorbereitung: keine

Meine ganz eigenen Ideen zur Methode

___

2.35 Die Sicherheitskontrolle

Persönliche „heiße Eisen" und „wunde Punkte" ansprechen

Ziel

Die unterschiedlichen Teilnehmer bringen unterschiedliche Befindlichkeiten und Empfindlichkeiten mit ins Seminar. Die Übung unterstützt dabei, die „Stormingphase" des Gruppenprozesses besser zu verstehen. Es wird die Angst vor der Andersartigkeit genommen und die „Besonderheiten" werden als Chancen und Ressourcen kennengelernt. „Gefahrgut" wird als solches deklariert, damit Fremde wissen, wie sie damit umgehen sollen.

Meine Idee dahinter / Ablauf

Ich reise gerne und viel, nicht nur beruflich. Unter allen Fortbewegungsarten finde ich das Fliegen am anstrengendsten: enge Sitze, ständige Warterei, Sicherheitskontrollen am laufenden Band. Inzwischen muss man sich ja mit erhobenen Händen und breitbeinig hinstellen und der ganze Körper wird von einer Maschine „abgescannt". Zeigen sich verdächtige Gegenstände auf dem Bildschirm, erfolgt anschließend noch die manuelle Leibesvisitation durch das Sicherheitspersonal. Diese eingehende Untersuchung auf „verdächtiges" Material sollte sich doch auch im Seminar nutzbar machen lassen, dachte ich mir. Und eine Sicherheitsschranke ist mit ein paar Handgriffen schnell inszeniert.

Die dahinterstehende Frage an die Teilnehmer lautet: Worauf muss die Gruppe bei Ihnen vorbereitet sein? Wann piepst es bei Ihnen? Wie bringen Sie Ihr „Gefahrgut" zum Einsatz? Entgegen den Sicherheitsvorschriften, die das Abgeben der verbotenen Gegenstände verlangen, kann der Seminarteilnehmer seine Eigenheiten ja nicht an

der Garderobe abgeben. Wie also kann er diese vielleicht sogar im Sinne der Gruppe und des Themas nutzbar einbringen? Ein Messer taugt schließlich nicht nur als Mordinstrument, sondern kann ein sehr nützliches Werkzeug sein …

Damit die Atmosphäre von Sicherheitskontrolle entsteht, suche ich mir zwei Stühle mit hohen Rückenlehnen. Diese stelle ich mit zueinander gerichteten Lehnen nebeneinander und lasse einen kleinen Durchgang. So entsteht der Eindruck einer Sicherheitsschleuse. Auf den Boden lege ich dazu noch zwei Fußabdrücke. Der „Passagier" weiß dann genau, wo er sich platzieren muss.

Jeder Teilnehmer ist nun eingeladen, die Sicherheitsschleuse zu passieren. Dazu leitet er seine Sicherheitshinweise mit folgendem Satz ein: „Bei mir piepst es, wenn ..." und vervollständigt seine Aussage mit seinen Schwächen und sensiblen Stellen. Ich sammle diese Aussagen auf Metaplankarten und bringe sie an eine Pinnwand. Wenn alle Anwesenden durch sind, schauen wir uns die aufgespürten Ergebnisse an. Das erinnert an die entsorgen Gegenstände in den Plexiglasboxen hinter der Sicherheitskontrolle. Da sieht man dann, was die Leute so alles mit sich herumtragen und das Potenzial hat zum Gefahrgut.

Auf eine weitere Karte, die ich direkt daneben hänge, notiere ich den positiven Aspekt der „schwachen Stelle", den positiven Gegenwert. Piepst es zum Beispiel beim Thema „Pünktlichkeit", weil der Teilnehmer sich schwertut mit den Pausenzeiten, dann halten wir ebenfalls das Stichwort „Kulanz" fest. Besonders spannend ist es, wenn diese Person für die Gruppe die Aufgabe übernimmt, den Spannungsbogen von Pünktlichkeit und Kulanz auszubalancieren. Ist sie der Pausenbeauftragte? Der Sicherheitscheck wird dann zum persönlichen Lernfeld.

Spielräume

Eine Art Sicherheitscheck ist auch die Vorsorgeuntersuchung beim Arzt. Wie wäre es zum Beispiel, wenn sie am Flipchart oder an der Pinnwand einen Röntgenapparat visualisieren mit dem Hinweis: „Was sonst noch in mir steckt – Risiken und Nebenwirkungen". Alle Teilnehmer sind aufgefordert, die für das Auge unsichtbaren Eigenschaften auf Metaplankarten zu notieren und an den Röntgenapparat zu heften. Die weitere Vorgehensweise erfolgt wie oben beschrieben.

Weitere Einsatzmöglichkeiten

Die Übung bietet sich grundsätzlich immer dann an, wenn Sie etwas Unsichtbares sichtbar machen wollen. Das können zum Beispiel auch Gedanken sein, die bisher in den Köpfen verborgen sind. Der Aufbau bleibt der gleiche, die Fragestellung könnte lauten: „Ich frage mich gerade, ..." oder: „Mir geht gerade durch den Kopf ..." Dann sollten Sie einen Hirnscanner (eine tolle Bezeichnung für diese Variante, siehe auch 2.39, Seite 158) ans Ende einer Lern- und Erfahrungsarbeit stellen. Wenn Sie die Kontrollschleuse als Dauermedium einfach im Raum platzieren, teilt sich erfahrungsgemäß kaum ein Teilnehmer mit. Die Anwendung ist hilfreicher, wenn sie „verordnet" wird.

Technische Hinweise

Gruppengröße: fünf Teilnehmer und mehr
Material: Stühle mit hoher Rückenlehne, Fußabdrücke
Dauer: ca. 10 Minuten
Vorbereitung: Bodyscanner inszenieren

Meine ganz eigenen Ideen zur Methode

2.36 Kartenleser

Seminarnachlese durch Erinnerungskarten

Ziel

Den Erfahrungen und Entscheidungen im Seminar soll auch eine praktische Umsetzung folgen. Eine Erinnerungskarte unterstützt die Teilnehmer dabei, die im Seminar mit sich selbst getroffenen Vereinbarungen auch zu leben. Erfahrungsgemäß ist die Macht des Alltags oft größer als die Macht der guten Vorsätze. Der „Kartenleser" soll die Entschlossenheit, die im Seminar spürbar war, zurück in den Alltag holen und zum Starten oder Dranbleiben motivieren.

Meine Idee dahinter / Ablauf

Einmal im Halbjahr bekomme ich von meinem Zahnarzt eine Recall-Karte. Sie erinnert mich daran, beim Thema Zahngesundheit am Ball zu bleiben und meine Zähne regelmäßig überprüfen zu lassen. Diese Erinnerung funktioniert verblüffend gut. Jeder weiß, wie schnell ein Jahr vorbei ist und wie wenig Aufmerksamkeit der Zahnarzt bekommt, wenn nichts weh tut – wenn also alles wie gewohnt ist. Aber die Recall-Karte veranlasst mich immer, einen Kontrolltermin zu vereinbaren. Und steht dieser erst einmal in meinem Terminkalender, ist mein Platz auf dem Zahnarztstuhl so gut wie sicher.

Diese Idee greift auch für das „Am-Ball-Bleiben" nach dem Seminar. Es handelt sich also nicht um ein Kartenlesegerät à la EC- oder Kreditkarte. Kartenleser sind die ehemaligen Teilnehmer, die eine Erinnerungskarte zum vergangenen Seminarthema erhalten. Allerdings ist das nicht irgendeine schöne Postkarte mit Standardfloskeln, die ich als Veranstalter an die Adressaten auf den Weg bringe. Das Postkartenschreiben ist einer der letzten Programmpunkte im Seminarverlauf.

Die Teilnehmer erhalten von mir leere Postkarten oder Postkarten mit einem Motiv, das einen Bezug zum Inhalt hat. Diese Karten adressieren sie an sich selbst und versehen sie mit einer wichtigen Botschaft, die sie sich selbst geben möchten. Das kann ein Appell sein, ein wichtiger Gedanke aus dem Seminar oder auch ein Zuspruch. Eben ganz so, wie es für den zukünftigen Empfänger am besten passt.

Nachdem jeder seine Postkarte adressiert und mit seiner persönlichen Botschaft beschrieben hat, sammle ich sie wieder ein und schicke sie ca. vier Wochen später an alle „Ehemaligen".

Sich selbst eine Karte mit aufmunternden Worten zu schreiben hat eine ganz besondere Wirkung. Regelmäßig erreichen mich Mails, WhatsApp- oder Facebook-Nachrichten mit der freudigen Botschaft, wie überrascht man von der eigenen Post war. Und inhaltlich ginge es kaum persönlicher. Sich selbst treu zu bleiben und beim Wort zu nehmen fällt offensichtlich immer noch leichter, als den guten Worten des Seminarleiters Gewicht beizumessen. Oft bleiben nach Veranstaltungen nur freundliche Absichtserklärungen zurück. Immerhin – jeder hat das Recht, alles zu lassen, wie es ist.

Der besondere Effekt dieser Übung resultiert aus dem Zeitverzug zwischen dem Schreiben der Karte und der Zustellung. Die Verfasser wissen in aller Regel gar nicht mehr, dass sie eine Postkarte erhalten werden. Umso wirkungsvoller ist es dann, innezuhalten und zu prüfen, was man in den letzten Wochen alles getan oder nicht getan hat: Was davon ist Teil des Problems, was ist Teil der Lösung?

Spielräume

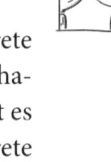

Ich definiere am Ende von Seminar- oder Coachingeinheiten gelegentlich konkrete Aufgabenstellungen für den Alltag. Was wir unter Laborbedingungen erarbeitet haben, braucht eine Überprüfung „in vivo", also im laufenden Prozess. Nun passiert es allerdings immer mal wieder, dass Klienten in der nächsten Stunde ohne konkrete Ergebnisse erscheinen, dafür mit umso mehr Erklärungen: „Ich hatte leider gar keine Zeit" oder: „Ich wusste einfach nicht mehr, wie ich es anpacken sollte" oder: „Ich konnte mich wieder mal nicht abgrenzen" usw. Nun mögen das alles sogar „gute" Gründe sein. Aber die Zeit zwischen den Seminarblöcken ist trotzdem verstrichen, ohne auf konkrete Versuchsreihen blicken zu können. Schade.

Ich vereinbare daher mit meinen Seminarteilnehmern eine „Kann-nicht-Vereinbarung". Diese sieht vor, dass der Klient im Falle eines plötzlichen Zeitmangels, erheblicher Erschöpfung oder vergessener Technik unverzüglich mit mir in Kontakt tritt. Dafür bekommt er mit dem Vertrag meine Visitenkarte als SOS-Karte. Die „Kann-nicht-Vereinbarung" ist Teil unseres Coaching- oder Seminarvertrags und verpflichtet den Teilnehmer zur aktiven Lösungssuche, notfalls eben zusammen mit mir, aber in jedem Fall *vor* dem nächsten Termin. In der Tat, manchmal erreicht mich ein Anruf oder auch eine E-Mail, und wir sprechen über Optionen. Aber die Wahrscheinlichkeit, dass es gar keine brauchbaren Ergebnisse in der nächsten Arbeitseinheit gibt, ist dadurch drastisch gesunken. Wie wäre es also mit einer „Save-and-Rescue-Card" als Intervention?

Anstelle einer Karte können Sie natürlich auch einen Brief schreiben lassen. Dafür brauchen die Teilnehmer zwar etwas länger Zeit, aber bei einem mehrtägigen Seminar können Sie das Schreiben des Briefes auch als Aufgabe für den vorletzten Abend geben. Viele Gruppen arbeiten sowieso abends noch zusammen, um Lerninhalte zu vertiefen. Das Schreiben eines persönlichen Briefes können Sie daher wunderbar als Einzelarbeit definieren. Das Verfassen hilft außerdem vielen, die Gedanken zu ordnen und Schwerpunkte für sich zu setzen. Unterschätzen Sie nicht die Kraft des therapeutischen Schreibens.

Weitere Einsatzmöglichkeiten

Wenn Ihnen vor Seminarbeginn eine Teilnehmerliste vorliegt, dann können Sie im Vorfeld das Aussuchen von schönen Sprüchekarten an die Teilnehmer delegieren. Schreiben Sie die Gäste an mit der Bitte, eine zum Seminarthema passende Motivkarte mit ins Seminar zu bringen. Das hat zwei Vorteile: Erstens haben Sie damit die Leute noch vor dem ersten Termin direkt für den anstehenden Prozess mit ins Boot geholt. Jeder setzt sich bereits aktiv mit dem Thema auseinander und packt einen Aspekt ins Bild. Zweitens haben Sie für den Beginn des Seminars eine wunderbare Auswahl an Bildkarten. Diese können Sie in die Mitte legen lassen, sodass für jeden der Anwesenden die Auswahl sichtbar ist. Nun animieren Sie dazu, sich eine Karte (nur nicht die eigene!) auszusuchen und zu erklären, welche Bedeutung diese Karte in Bezug auf das Thema hat.

Technische Hinweise

Gruppengröße: fünf Teilnehmer und mehr
Material: Postkarten
Dauer: ca. 10 Minuten
Vorbereitung: Postkarten besorgen

Meine ganz eigenen Ideen zur Methode

_____

_____

_____

_____

Agile Seminarmethoden

2.37 Mein Pseudonym

Menschenkenntnis testen, das Kennenlernen auflockern

Ziel

Es geht darum, dass die Teilnehmer schon vor Beginn der Veranstaltung eigene charakteristische Persönlichkeitsmerkmale und Verhaltensweisen zusammentragen und sich dadurch ein klareres „Bild von sich selbst" machen. Darauf aufbauend sollen die anderen Teilnehmer ihre Menschenkenntnis und auch ihre Vorannahmen testen: Wem traue ich was zu? So wird deutlich, welche Kraft ein äußerer erster Eindruck, Rollenstereotypen, Klischees usw. haben.

Meine Idee dahinter / Ablauf

Beim Lesen des Buches „Mein Ich, die anderen und wir" von Brian Little bin ich auf diese Übung gestoßen, die ich für die Seminaranwendung etwas angepasst habe. Bereits mit der Übung 2.16, „Ich mache mir ein Bild von dir", ging es darum, den anderen im Partnerinterview „einzubilden" und die Kennenlernphase durch das Thema Vorannahmen zu bereichern. Hier gehen wir sogar noch einen Schritt weiter. Die Teilnehmer werden bereits im Vorfeld des Seminars dazu eingeladen, eine Art Kurzprofil von sich zu erstellen. Die persönliche Beschreibung soll nicht länger als eine DIN-A4-Seite sein. Die Aussagen sollen auf den Punkt gebracht werden, damit der Leser in wenigen Sätzen eine Art „konzentriertes Persönlichkeitsprofil" erhält. Beim Formulieren der Eigenbeschreibung ist darauf zu achten, dass keine Angaben über Geschlecht, Aussehen oder besondere Kleidungsmerkmale den Verfasser unmittelbar identifizieren. Manchmal verrät sogar die Handschrift einiges über den Urheber. Ob Sie das als erste Identifikationshilfe zulassen oder um Ausdrucke bitten, liegt ganz bei Ihnen. Die Inhalte dürfen jedenfalls nur vermuten lassen, wer sich hinter den Beschreibungen verbirgt. Nach Verfassen des Kurzprofils gibt sich jeder ein Pseudonym und notiert es über dem Text. Auch hier darf nicht erkennbar werden, um wen es sich tatsächlich handelt.

Zum Seminarbeginn bringt jeder seinen Steckbrief mit. Sie sollten die Blätter bereits vor der offiziellen Ankommensrunde einsammeln, damit Sie die Ergebnisse als „gesammelte Werke" der Gruppe präsentieren können. Sie nennen nun die einzelnen Pseudonyme, verbunden mit der Aufforderung an die Teilnehmer, jeder möge einen der Steckbriefe auswählen, natürlich nicht seinen eigenen. So verteilen sich die Steckbriefe nach und nach auf die Anwesenden und jeder liest nun den Steckbrief laut vor, für den er sich entschieden hat. Die Gruppe hört aufmerksam zu und darf natürlich darüber spekulieren, wer sich dahinter verbergen könnte. Anschließend darf der Vorleser eine Vermutung äußern, wer sich hinter dem Pseudonym wohl verbirgt. Er erklärt auch, warum er gerade hier eine Verbindung sieht. Der tatsächliche Verfasser setzt ein Pokerface auf und lässt nicht erkennen, ob richtig oder falsch geraten wurde. So setzt sich der Vorstellungsprozess fort, bis jeder seinen gewählten Steckbrief vorgelesen und seine Vermutung geäußert hat.

Am Ende der Vorstellungsrunde stehen alle auf, lassen sich ihren eigenen „Pseudonym-Steckbrief" überreichen und setzen sich wieder an ihren Platz. Hier ist oft das Gelächter schon groß, weil richtige und falsche Zuordnungen sofort sichtbar werden. Geben Sie den Teilnehmern gerne einen Augenblick Zeit für diese „Enttarnung". Wenn wieder Ruhe eingekehrt ist, gehen Sie in die Reflexion der Übung: Wer hat wem was warum zugemutet? Was hätten Sie nie gedacht? Was war für Sie glasklar? Was sind die Konsequenzen von Fehleinschätzungen?

Spielräume

Anstatt die Pseudonym-Steckbriefe an Einzelne zu verteilen, können Sie die Blätter auch an eine Pinnwand oder Leine hängen. So entsteht eine Art Galerie, die von jedem betrachtet werden kann. Lassen Sie die Teilnehmer jeweils auf das Papier ihre Einschätzung schreiben, wer sich von den anderen hinter einem Steckbrief verbergen könnte. Damit werden Trends sichtbar, was gruppendynamisch natürlich eine schöne Wirkung haben kann: Schließe ich mich der Mehrheitsmeinung an, oder sehe ich das ganz anders? Wenn jeder seine Einschätzung abgegeben hat, stellen sich die Anwesenden jeweils zu ihrem Steckbrief und lösen das Rätsel auf. Anschließend gehen Sie ebenfalls in die Reflexion, unter besonderer Betonung der „Meinungstrends".

Mich erinnert die Übung auch an die Sendung „Was bin ich?", die ursprünglich von Robert Lembke moderiert wurde und auch heute noch in verschiedenen Varianten in den TV-Sendern auftaucht. Allerdings müsste hier die Frage lauten „Wer bin ich?", was auch ein guter Titel für die Übung wäre. Sie können dazu eine Studioatmosphäre schaffen, indem sich der Vorleser neben Sie als Moderator setzt und den Text vorliest. Hier gilt aber: Wenn er seinen eigenen Pseudonym-Steckbrief gezogen hat, darf er ihn auch behalten. Es ist also gut möglich, dass Pseudonym und Vorleser deckungsgleich sind. Nach dem Vorlesen darf das Publikum Fragen an den Vorleser stellen. Dieser muss, mit größtem Ernst und aus tiefster Überzeugung, sich als Urheber verkaufen. Sie als Moderator limitieren die Fragerunde auf maximal zwei bis drei Minuten. Danach dürfen alle wieder ihre Vermutungen notieren. Die Auflösung erfolgt erst, wenn alle auf der Bühne neben dem Moderator gesessen und „ihren" Text gelesen haben.

Sie können die Übung auch in einen festen Rahmen bringen und dadurch den Steckbrief-Charakter intensivieren. Anstatt jedoch zu viele biografische/körperliche Angaben zu machen (also Größe, Alter, Geschlecht ...) geben Sie Rubriken vor wie „Was ich besonders gut kann" oder „Was ich gar nicht mag" oder „Mein größtes Abenteuer". Damit erleichtern Sie den Teilnehmern ihre Profilierung und machen die Ergebnisse vergleichbarer.

Weitere Einsatzmöglichkeiten

Ein Pseudonym lädt dazu ein, sich einmal in einer anderen Rolle auszuprobieren. Ich beobachte oft, dass sich die Teilnehmer während des Seminars gern noch mit den Pseudonymen anreden und dabei viel lachen. Dieser Humor ist unglaublich hilfreich für weitere Übungen. Sie können zum Beispiel dazu animieren, einmal so zu tun, als wäre man ein „Horst Schredder", „Fred Feuerstein" oder eine „Lola Lametta". Immerhin haben alle Teilnehmer ja konkrete Persönlichkeitsprofile mitgebracht, die Sie als Typologien toll gebrauchen können.

Technische Hinweise

Gruppengröße: sechs Teilnehmer und mehr
Material: keines
Dauer: ca. 20–30 Minuten
Vorbereitung: Pseudonym-Profile schreiben lassen

Meine ganz eigenen Ideen zur Methode

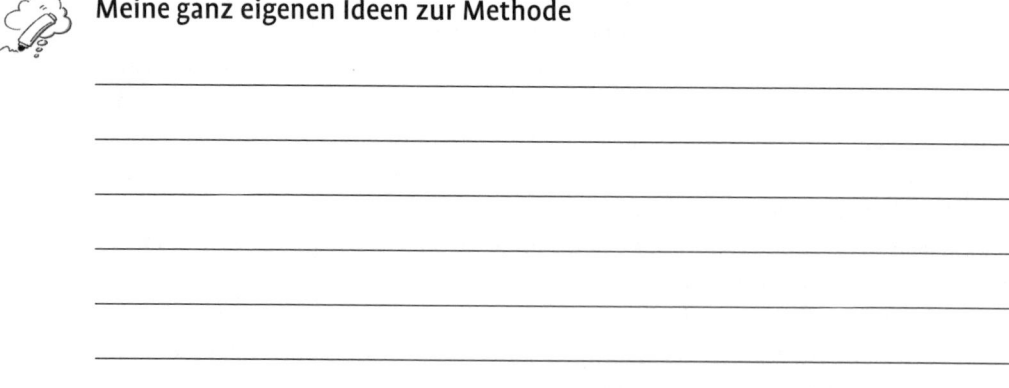

2.38 Schattenspiele

Seine eigenen Projektionen auf die Bühne bringen

Ziel

Sich mit seinen eigenen Schatten auseinanderzusetzen zählt nicht zu den Lieblingsübungen vieler Teilnehmer. Unsere Schatten macht auf Facetten unserer Persönlichkeit aufmerksam, die wir im Verschlossenen halten. Umso hilfreicher kann es sein, in einem geschützten Rahmen diesen inneren Anteilen eine Bühne zu geben, um sie bewusst kennenzulernen und zu integrieren. Die Übung fördert den neugierigen, spielerischen Umgang mit diesem Schattendasein und setzt es in ein anderes (Bühnen-)Licht.

Meine Idee dahinter / Ablauf

Die Personenzahl im Seminarraum ist zwar definiert durch die Anzahl der Anmeldungen, aber die Vielfalt der Persönlichkeiten ist deutlich größer als die Anzahl der Köpfe. Aufbauend auf den diversen Kennenlern- und Wahrnehmungsübungen (z. B. „Ich mache mir ein Bild von dir" [2.16] oder „Mein Pseudonym" [2.37]) ist es für mich naheliegend, diese Pluralität sichtbar zu machen und ihr einen öffentlichen Raum zu schenken. Durch die Integration unserer (teilweise noch unreflektierten) Persönlichkeitsanteile erweitern wir unsere Handlungsoptionen. Wir können wählen, welchem Impuls wir folgen möchten, ohne unbändigen Kräften ausgeliefert zu sein. Die Hinwendung zu unseren Schattenseiten erweitert unser Rollenrepertoire und ermöglicht eine differenziertere Interaktion mit unserer Umwelt.

Erste Erfahrungen damit habe ich in einer Ausbildung in der Transaktionsanalyse gemacht. Ziel dieser Theorie „ist eine integrierte, autonome Persönlichkeit mit der Fähigkeit, sich in einem sozialen Gefüge selbstbewusst, respektvoll, achtsam, rücksichtsvoll und beitragend zu bewegen" (Wikipedia, Stand Juli 2018). Ich erfuhr damals über mich, dass ich mein „Opfer"-Dasein (ein psychodynamischer Anteil aus dem sogenannten „Dramadreieck", das aus Opfer, Retter und Verfolger besteht) sehr weit von mir fernhalte. Ich assoziierte „Opfer" damals ausschließlich mit Macht- und Hilflosigkeit, mit Abhängigkeit, Schwäche und Bedürftigkeit. Es fiel mir schwer, Bedürftigkeit zu zeigen, andere um Hilfe zu bitten, meine Grenzen zu definieren und auszusprechen. Viel näher waren mir die Rollen von Retter und Verfolger. Es ist also keine Überraschung, dass ich heute als Coach unterwegs bin, der gerne provokant arbeitet. Aber es war für mich unglaublich gewinnbringend, Erfahrungen zu sammeln mit dieser „schwachen" Schattenseite, die heute auch eine Stärke ist. Nach wie vor ist die Opfer-Rolle eine, mit der ich mich schwer anfreunden kann. Aber die Bereitschaft, meine Bedürftigkeit auszusprechen, ist heute viel größer als noch vor einigen Jahren.

Damit das Bühnenspiel als solches verstanden wird, inszeniere ich wieder mit ein paar Handgriffen eine Bühnenatmosphäre: Mit einem schwarzen Tuch schaffe ich den Bühnenhintergrund, mit einem beigen Tuch den Bühnenboden. Wenn sich die Lampen der Deckenbeleuchtung unabhängig voneinander regulieren lassen, beleuchte ich nur den „Bühnenraum", der Zuschauerraum bleibt dunkel. Dann entsteht wirklich Theaterstimmung.

Die Aufgabe ist, eine vertraute Szene zum Seminarthema nachzuempfinden. Dabei geht es mir gar nicht darum, dass der Protagonist schon eine Lösung im Spiel anbietet. Das führt bei vielen Akteuren zum Stress, da sie sich durch mich und das Publikum bewertet fühlen. Aus diesem Grund lautet die Aufgabenstellung, das Spiel nur bis zum „kritischen" Punkt zu führen: Der Protagonist endet also an der Stelle, an der er (auch im Alltag) ins Stocken gerät. Anschließend ist es seine Aufgabe, die Szene erneut zu spielen, und zwar mit einer Persönlichkeitsfacette, die ich ihm vorgebe. Das ist ein „Schatten", den ich in ihm vermute und ihm als Experiment anbiete. Der Akteur darf die neue Rolle stark betonen und Spaß daran haben, sich mal völlig anders auszuprobieren (was nicht allen leichtfällt, zu sehr sind sie in ihren alten Mustern zu Hause). Auch das Publikum darf dem Akteur ein Schatten-Angebot machen. Allerdings sollten die Schattenvarianten zwei bis drei Versionen nicht überschreiten, da sich das Format sonst abnutzt.

Im Anschluss daran folgt eine Reflexion: Wie hat sich der Protagonist in den verschiedenen Schattenrollen gefühlt? Wie hat das Publikum den Akteur erlebt? Was war hilfreich? Was war schwierig? Stefanie Stahl hat in ihrem Buch „Das Kind in dir muss Heimat finden" die beiden Persönlichkeitsanteile von „Schattenkind" und „Sonnenkind" näher beleuchtet. Wenn Sie sich mit dem Thema intensiver auseinandersetzen möchten empfehle ich Ihnen die Lektüre dieses Buches. Auch Stefanie Stahl kommt zu dem Schluss: „Wenn wir Freundschaft mit ihm [dem Schattenkind] schließen, lässt sich das Sonnenkind befreien." Schattenspiele wirken in der Tat befreiend. Mir ist allerdings wichtig zu betonen, dass ich in den Seminaren keine tiefenpsychologische Individualberatung mache. Das Schattenspiel soll auf kreative Art und Weise im Verborgenen liegende Ressourcen und Handlungsoptionen sichtbar machen.

Spielräume

Das Schattenspiel funktioniert auch mit Stellvertretern. Wenn der Protagonist nicht selber auf die Bühne möchte, kann er sich einen Stellvertreter aussuchen, der für ihn in seine „typische" Rolle springt. Nun liegt es an ihm, den Stellvertreter durch Regieanweisungen andere Schattenseiten betonen zu lassen. Der Vorteil liegt darin, dass sich der Protagonist selber „von außen betrachten" kann und dadurch etwas mehr Abstand zu der Situation bekommt. Aufgrund der Distanz fällt es zudem oft leichter, die Situation entspannter und humorvoller zu betrachten. Der Protagonist kann seinen Stellvertreter, ähnlich an einem Mischpult, unterschiedlich dosieren: „Sei mal fordernd auf der 10 (maximal)". So kann er als Beobachter für sich selbst ausprobieren, wo ein „gutes Maß" für ihn wäre. Ich habe schon mehrfach erlebt, dass nach dieser Erfahrung der Fallgeber selbst auf die Bühne wollte.

Das Schattenspiel lässt sich auch in kleinen Gruppen inszenieren. Neben dem Fallgeber und den nötigen Hauptakteuren empfiehlt sich ein neutraler Beobachter, der die Regie-(Schatten-)anweisungen gibt.

Weitere Einsatzmöglichkeiten

Bei den von mir genutzten Raumläufen lasse ich die Teilnehmer schon mal wie die Queen durch den Raum schreiten oder sich wie ein Cowboy in Pose bringen. Diese „fremden" Rollen lassen sich wunderbar auf die Bühne bringen, indem Sie die Teilnehmer veranlassen, einfach mal in die Rolle einer alten Frau zu schlüpfen, eines gehetzten Reisenden oder eines stark autoritären Managers. Wenn die Teilnehmer zu Beginn des Seminars einen Steckbrief oder eine Art persönlicher Gebrauchsanleitung angefertigt haben, dann kann nun all das auf die Bühne kommen, was sie bisher offensichtlich (noch) nicht sind oder waren. Das Schattenspiel kann gut im Zusammenhang mit dem Johari-Fenster eingesetzt werden, wenn es um das Ausleuchten von „blinden Flecken" geht. Unter dem Begriff „Johari-Fenster" finden Sie im Internet jede Menge an weiterführenden Informationen zum Thema Persönlichkeitsentwicklung.

Technische Hinweise

Gruppengröße: acht Teilnehmer und mehr
Material: schwarzer und beiger Stoff, ggf. Requisiten
Dauer: ca. 15–20 Minuten
Vorbereitung: Bühne inszenieren

Meine ganz eigenen Ideen zur Methode

_____
_____
_____
_____
_____
_____
_____
_____
_____
_____
_____
_____
_____
_____
_____
_____
_____
_____

2.39 Hirngespenster

Hemmende Glaubenssätze identifizieren und entmachten

Ziel

Jeder Mensch trägt ein Bündel an Glaubenssätzen mit sich herum. Einige davon sind sehr hilfreich, andere wirken wie Blockaden. Mit der Übung „Hirngespenster" lassen sich solche blockierenden Überzeugungen sichtbar und handhabbar machen und dadurch ein gutes Stück entmachten.

Meine Idee dahinter / Ablauf

Die Idee zu dieser Übung kam mir beim Lesen des Artikels „Was spukt da rum" von Nicole Truchseß. Frau Truchseß nennt hemmende Glaubenssätze „Hirngespenster", die uns wie ein Spuk durch den Kopf gehen und uns selten bewusst sind. Ich fand die Idee so schön, dass ich sie kurzerhand in ein Format umwandelte und in meinen Seminaren einsetze. Auch hier spielt die Art der Visualisierung wieder eine große Rolle. Es macht einen Unterschied, ob ich Glaubenssätze einfach auf eine Metaplankarte schreibe oder meine „Geister" auf einer „Geisterkarte" festhalte. Diese sind mit ein paar Handgriffen aus Trennkarten schnell geschnitten.

Da die Hirngespenster so wenig bewusst, aber dafür umso wirksamer sind, ist das eigene Auskundschaften der inneren Landkarte eine Herausforderung. Daher sollen die Teilnehmer als erste Aufgabe ihre Grundüberzeugungen zu einem Thema identifizieren. Hier hilft Introspektion, indem jeder in sich hineinhorcht und den eigenen Gedankengang beobachtet. Besser noch klappt das in Paarübungen, wenn einer erzählt und der andere entdeckte Glaubenssätze notiert. In der Supervision erteile ich den Zuhörern den Auftrag, Glaubenssätze festzuhalten: hilfreiche Glaubenssätze als „gute Geister" und hinderliche Glaubenssätze als „Hirngespenster". Die Ergebnisse werden jeweils auf vorbereitete Gespensterkarten notiert und für den Supervisanden an einer Pinnwand oder Magnetwand festgemacht. Dadurch entsteht eine ansehnliche Spuk-Gesellschaft, ganz nach dem Motto: „Was mir durch den Kopf spukt."

Die Übung lässt sich mit „The Work" von Byron Katie kombinieren. „The Work" gründet auf vier Fragen:
1. Ist das [dein Hirngespenst] wahr?
2. Kannst du mit absoluter Sicherheit wissen, dass das wahr ist?
3. Wie reagierst du, was passiert, wenn du diesen Gedanken glaubst?
4. Was wärst du ohne den Gedanken?

Hirngespenster sind oft extrem hartnäckig. Deshalb ist es wichtig, ihnen einen Gegenspieler zur Seite zu stellen, die ich „gute Geister" nenne. Sie sorgen dafür, dass hemmende, oft belastende Glaubenssätze relativiert werden, auch wenn sie (noch) nicht gänzlich verschwinden. Auch Umdeutungen sind ein wirksames Mitteln, um Hirngespenster zu zähmen und ihnen den Spuk-Zahn zu ziehen.

Spielräume

„Das spukt mir gerade so im Kopf herum" ist eine Aussage, die mir immer wieder mal begegnet. Ich bitte meine Teilnehmer und Einzelklienten deshalb, ihre Gedanken laut werden zu lassen, damit ich mitbekomme, was ihnen gerade so durch den Kopf geht. Oft sind nämlich diese unausgesprochenen Gedanken außerordentlich wichtig und hilfreich für den laufenden Prozess. Als Persönlichkeitsstörer mache ich das „Gedankenlautwerden" zum förderlichen Prinzip: Hier geht es aber eben nicht um die pathologische Variante, wie sie als Form der Halluzination bekannt ist, sondern um den sehr förderlichen Aspekt des „In-den-Kopf-Schauens". Diese Hirngespenster lasse ich dann ebenfalls auf Gespensterkarten notieren. In den Seminaren notieren die Teilnehmer ihre spontanen Gedanken auf diese „Spuk-Karten" und bringen sie wieder an die Pinnwand mit dem Titel „Hier spukt's!" Erstaunlich, was im Laufe eines Seminartages oft an zusätzlichen Inhalten sichtbar wird und was sonst vielleicht unentdeckt geblieben wäre.

Zum Lautmachen der Gedanken bediene ich mich noch einer ganz anderen Methode: des Hirnscanners. Das ist allerdings keine Art der Visualisierung, sondern des Hörbarmachens unausgesprochener Gedanken aufseiten des Seminarleiters bzw. des Coaches. Mit dem Hirnscanner treffe ich oft genau ins Schwarze, weil den Teilnehmern diese „heimlichen" Gedanken so vertraut vorkommen. Einigen unter Ihnen wird diese Art des Aufdeckens aus dem Psychodrama bekannt vorkommen. Dort wird sie in Form des Doppelns eingesetzt, um zurückgehaltene Gedanken des Klienten durch den Coach in Worte zu fassen.

Mit meinem Hirnscanner mache ich genau das. Ich stelle Vermutungen an über die inneren Glaubenssätze und Selbstsuggestionen der Teilnehmer und spreche diese aus.

Außerdem lasse ich durch den Hirnscanner die Teilnehmer auch an meinen ganz eigenen Gedanken teilhaben, wenn ich zum Beispiel denke: „Mann, warum traut sich hier keiner, das Maul aufzumachen? Was soll ich denn noch anstellen, um die mal ein bisschen aus der Komfortzone zu bringen?" Dadurch animiere ich die Anwesenden, ihre Scham abzulegen und ebenfalls Mut zu fassen für bisher Unausgesprochenes. Als Hirnscanner dient mir ein Haarreif mit Federboa aus dem Karnevalshop.

Weitere Einsatzmöglichkeiten

Sie können Hirngespenster vorbereiten und damit den Leuten etwas „in den Kopf" setzen. Auch hier können Sie die Frage anschließen: Wer bist du und wie geht es dir, wenn du diesen Gedanken glaubst? Die Teilnehmer ziehen dann aus den von ihnen zuvor beschrifteten Hirngespenstern entsprechende Introjekte und probieren aus, wie es ihnen mit diesen Überzeugungen geht. Das ist eine sehr schöne Übung zu Themen wie Perspektivwechsel, Empathietraining oder eben Glaubenssatzarbeit.

Da Hirngespenster überall auftauchen können (das ist die Eigenart von Gespenstern), können Sie die Teilnehmer zu „Ghost-Busters" machen: Sie gehen bereits vor dem Seminar oder zwischen zwei Terminen auf die Suche nach wirksamen Hirngespenstern in ihrem System: dem Team, der Familie, der Beziehung, der Organisation etc. Jeder kann seine Ergebnisse dann der Gruppe präsentieren, die eine kollegiale Beratung anschließt.

Technische Hinweise

Gruppengröße: fünf Teilnehmer und mehr
Material: Hirngespenster-Karten, Stifte, Pinnwand
Dauer: ca. 15–20 Minuten
Vorbereitung: Karten zurechtschneiden

Meine ganz eigenen Ideen zur Methode

_____

_____

_____

2.40 Der Problem-Lösungs-Mix

Stellschrauben nutzen, um stimmige Ergebnisse zu erzielen

Ziel

Ein Problem fällt nicht schicksalhaft vom Himmel, sondern ist eine konstruktive Eigenleistung, die sich aus unterschiedlichen Quellen speist bzw. aus unterschiedlichen Bauteilen konstruiert wurde. Mithilfe des „Problem-Lösungs-Mix" lassen sich die unterschiedlichen Problemkomponenten und deren Zusammensetzung identifizieren und neu „abstimmen", sodass daraus ein Lösungsmix werden kann.

Meine Idee dahinter / Ablauf

„Die Mischung macht's" – mit diesem Slogan wirbt die Apothekerkammer Hamburg auf ihrer Webseite für die Qualität des Apothekerhandwerks. Ich finde, der Spruch passt genauso auf die Konstruktion von Problem und deren Lösungen. Ob wir etwas als Problem wahrnehmen, hängt von verschiedenen Faktoren und deren Mischung ab.

Wenn es verschiedene „Systemkomponenten" gibt, dann bieten sich auch verschiedene Einflussfaktoren an, um Problemen auf die Pelle zu rücken. Damit die Herangehensweise klar wird, setze ich für den Problem-Lösungs-Mix ein Mischpult ein, das ich aus schwarzem Stoff und vier Stellknöpfen inszeniere. Wenn Ihnen noch mehr Einflusskomponenten wichtig erscheinen, können Sie einfach weitere Knöpfe hinzufügen und das Mischpult erweitern. Ganz spannend ist es, wenn die Teilnehmer selbst weitere „Knöpfe" entdecken und diese ihrem eigenen Mischpult hinzufügen. Jeder Stellknopf, der zusätzlich erkannt wird, liefert weitere Möglichkeiten der Einflussnahme. Aber wie bei der Medizin des Apothekers muss auch hier die Dosierung stimmen. Regler erlauben, die Dosis zu verändern und ein Rezept neu „abzumischen". An-/Ausknöpfe sind wenig hilfreich, weil die Wirklichkeit nicht in „richtig" oder „falsch" zu unterscheiden ist. Es gibt tatsächlich nur graduelle Unterschiede zwischen „normal" und „gestört" bzw. „problematisch" und „unproblematisch". Mir ist es daher wichtig, den Teilnehmern klarzumachen, dass „hilfreiche" Stellknöpfe bei einer unpassenden Dosierung eine unerwünschte Wirkung entfalten: entweder zu stark oder zu schwach. Auch die beste Medizin wirkt bei Überdosierung wie Gift.

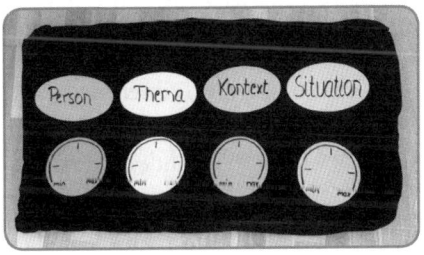

Die Teilnehmer sind aufgefordert, zum Seminarthema oder zu ihrem ganz persönlichen „Problem" die Mischung einzuschätzen. Dazu ein konkretes Beispiel:

Innerhalb einer Teamentwicklungsmaßnahme beklagen sich die Anwesenden über den Vorgesetzten – ein Thema, über das sich Gruppen stundenlang auslassen können, weil der „schwarze Peter" und auch die Verantwortung wegdelegiert werden. Es macht aber viel mehr Sinn, mit den Steuerungsmöglichkeiten der Gruppe und jedes Einzelnen zu arbeiten, um wieder wirksam und einflussreich sein zu können. Daher bitte ich jeden Teilnehmer, an einem konkreten „Problembeispiel" mit der Führungskraft einzuschätzen, ...

- wie stark das Problem in der Person begründet scheint,
- welche Relevanz das Thema für das Problem / den Konflikt hat,
- welche Rolle der Kontext für das Problem spielt und
- welche Bedeutung die konkrete Situation hat.

Es geht hier nicht um eine genaue Einschätzung der Situation – die kann sowieso nur subjektiv sein. Relevant ist, wie der einzelne Teilnehmer die Situation *empfindet*. Schon allein das Ausdifferenzieren in diese verschiedenen Komponenten ist für viele aufschlussreich. Nun bietet es sich an, mit den Drehknöpfen zu spielen und andere Mischungen auf Plausibilität zu prüfen: Was, wenn die Auswirkungen des Problemerlebens weniger in der Person des Vorgesetzten begründet wären und vielmehr in den thematischen, kontextuellen oder situativen Rahmenbedingungen? Wie ändert sich das Urteil, wenn die Betonung (der Lautstärkeregler) auf einen anderen Bereich gelenkt wird? Wie werden sie dann denken? Welche praktischen Einflussmöglichkeiten werden sich dann für sie eröffnen? An welcher Stelle neigen sie womöglich grundsätzlich zu einer besonderen Betonung?

Spielräume

Anstelle des Mischpults bieten sich diverse andere Metaphern mit einer ähnlichen Aussage an. Das können z. B. Rezepturen (Zutaten und deren Anteil) oder auch Farbskalen sein. Es eignet sich schlicht alles, wo Sie ein Verlaufsspektrum abbilden können, denn so kommen Sie aus der Diskussion „richtig – falsch" heraus und führen in die Einschätzung „hilfreich – weniger hilfreich" hinein.

In der Phase der Themenfindung bzw. Problemdefinition am Anfang des Seminars ist es spannend, die Teilnehmer die Knöpfe selbst definieren zu lassen: An welchen Rädchen müssen wir heute drehen, damit die Mischung für Sie wieder stimmt? Was wird im Moment besonders stark betont und was kommt viel zu bescheiden weg?

Weitere Einsatzmöglichkeiten

Die Methode kann auch hervorragend für ein Mitarbeitergespräch genutzt werden. Die metaphorische Ebene des Mischpults erlaubt einen spielerischen Gesprächseinstieg. Der Mitarbeiter (bzw. Coachee oder Supervisand) kann eine Art „Gebrauchsanleitung von sich selbst" oder eine „persönliche Rezeptur" erstellen – als eine Art Anleitung, wie er sich den Umgang mit sich wünscht. Der Coach kann den Coachee auf Nebenwirkungen aufmerksam machen, die sich bei einer veränderten Mischung einstellen könnten.

Technische Hinweise

Gruppengröße: fünf Teilnehmer und mehr

Material: schwarzer Stoff, Regelknöpfe, Bereichskarten

Dauer: ca. 20–30 Minuten

Vorbereitung: Mischpult inszenieren

Meine ganz eigenen Ideen zur Methode

_____

_____

_____

_____

_____

_____

_____

_____

_____

2.41 Kaffeesatzlesen

Die Pausengespräche als wichtige Zwischeninfos und Impulsgeber nutzen

Ziel

Die Nebenbeigespräche in den Pausen finde ich viel zu wichtig, um sie ungenutzt am Seminargeschehen vorbeigehen zu lassen. Gerade die Kaffee- und Zigarettenauszeit hat eine ganz eigene Atmosphäre. Hier werden Eindrücke nochmal auf den Punkt gebracht, Vergleiche gezogen, alte Geschichten zum Besten gegeben, angrenzende Themen oder tagesaktuelle Ereignisse zum Thema angesprochen. Das ist alles spannendes Material, das nicht nur vor den Seminarraum, sondern in den Seminarraum gehört. Das Seminar endet irgendwann, nicht aber die Pausengespräche. Diese bleiben auch im Berufsalltag erhalten.

Meine Idee dahinter / Ablauf

Ich habe über viele Jahre hinweg an etlichen Konferenzen teilgenommen. Einige waren sehr ergiebig, andere schienen endlos lang und blieben ohne greifbare Ergebnisse. Doch auf fast jeder konnte ich feststellen, dass die wesentlichen Inhalte innerhalb weniger Minuten auf den Punkt gebracht waren – allerdings oft nicht im Konferenzraum, sondern in der Pause oder im Bürogespräch danach. Kaffee, Kuchenstücke und Zigaretten scheinen zudem eine Art „kreative Impulsgeber" zu sein. Und offenbar sorgt die Entspannung in der Pause dafür, dass das Denken wieder angeregt wird und die Ideen sprudeln.

Mit dem „Kaffeesatzlesen" meine ich also nicht das Prophezeien der Zukunft, sondern das Anreichern des Seminars durch die Seitengespräche in der Kaffeepause. Vor der Pause bekommen die Teilnehmer die Aufgabe, auf Gesprächsinhalte zu achten, die einen Bezug zum Seminarthema haben. Wohl gemerkt: Niemand ist verpflichtet, über den Stoff der Veranstaltung zu sprechen, denn eine Pause ist Freizeit für alle. Aber erfahrungsgemäß wird sowieso über das Seminar oder seine Themen gesprochen, und diese Inhalte gilt es aus der Ecke des gefälligen Small Talks zu holen und sie anschließend kurz im Seminar vorzustellen. Ob sie nutzbar gemacht werden können, wird sich zeigen.

Mit dem „Kaffeesatzlesen" schaffen Sie auf jeden Fall einen fließenden Übergang zwischen Pause und Rückkehr zu den Seminarthemen. Halten Sie eine leere Kaffeetasse für diese Runde bereit. Ich habe mir eigens für das Kaffeesatzlesen eine Smiley-

Tasse angeschafft. Sie macht gute Laune und lädt die Teilnehmer dazu ein, auch lustige Pausengeschichten zum Besten zu geben.

Die Tasse wandert einfach von Hand zu Hand und jeder, der etwas erzählen möchte, kann seinen Kaffeesatz loswerden.

War die Pause etwas länger (z. B. die Mittagspause), nutze ich auch andere Formen für die Vorstellung der Ergebnisse. Wer mag, kann etwas visualisieren, ein YouTube-Video zum Thema auf seinem Mobiltelefon zeigen oder auch nur einen Witz erzählen, der zum Thema passt. Und wenn er richtig gut ist, darf er auch themenfremd sein …

Spielräume

Wenn ich mit Außendienstlern unterwegs bin, dann gibt es nach den Kundenterminen kurze Feedbackgespräche. Ich nenne diese zeitlich stark begrenzten und sehr pointierten Gespräche auch „Bordsteinkonferenzen". Gelegentlich finden sie im Auto statt, aber auch schon mal in der Kaffeepause oder während einer kurzen Zigarettenpause vor der Weiterfahrt. Diese Bordsteinkonferenz können Sie ebenfalls zum Ritual machen, indem Sie sie als konkreten Arbeitsauftrag formulieren. Jeweils Paare ziehen sich zu einem kurzen Austausch zurück (maximal fünf Minuten) und resümieren die letzte Arbeitseinheit oder den letzten Input-Block. Sie können auch einige Fragen zur Orientierung vorgeben, zum Beispiel: Was ist bei mir besonders hängen geblieben? Was würde ich gerne vertiefen? Was sehe ich kritisch? Für die Kürze der Zeit sind drei Fragen m. E. ein guter Rahmen. Das verlangt von den Teilnehmern, schnell auf den Punkt zu kommen – die Absicht von Bordsteinkonferenzen.

Die Idee dieser kurzen „Bestandsaufnahmen" findet sich auch in den „Daily-Stand-Up-Meetings" wieder, ein Element aus Scrum. Diese Methode unterstützt kleine selbstorganisierte Teams dabei, agil auf neue Marktanforderungen einzugehen. Die in der Regel wöchentlich stattfindenden Meetings sind auf fünfzehn Minuten begrenzt. Das wichtigste Werkzeug ist das Scrum-Board, das als Visualisierungshilfe für die noch offenen, bereits laufenden und schon erledigten Aufgaben dient. Aus dem Scrum-Repertoire können Sie die Idee der Daily-Stand-Up-Meetings aufgreifen und Paaren, Kleingruppen oder dem ganzen Plenum die Aufgabe stellen, Zwischenbilanz zu ziehen zur Seminaragenda oder den geäußerten Fragen und Wünschen.

Weitere Einsatzmöglichkeiten

Das Kaffeesatzlesen können Sie natürlich auch zum Kaffeesatzorakel machen. Damit geben Sie den Teilnehmern eine Gelegenheit, Vermutungen über die Zukunft anzustellen. Spekulationen bekommen in der Regel nicht allzu viel Raum in Seminaren. Da kann es äußerst hilfreich sein, den Hoffnungen, aber auch den Befürchtungen der Anwesenden ausreichend Zeit zu widmen. Vorteilhaft ist es, die Hinweise aus dem Kaffeesatzorakel zu visualisieren. Dazu nutze ich drei Flipcharts mit den Überschriften „Hoffnungen", „Befürchtungen" und „Vermutungen".

Technische Hinweise

Gruppengröße:	fünf Teilnehmer und mehr
Material:	Kaffeetasse
Dauer:	ca. 10 Minuten
Vorbereitung:	keine

Meine ganz eigenen Ideen zur Methode

2.42 Keine Miene verziehen

Körpersprache als besondere Ausdrucksform nutzen

Ziel

„Ein Blick sagt mehr als tausend Worte." Unsere Mimik und besonders unsere Augen haben maßgeblichen Einfluss auf unsere kommunikativen Botschaften. Mit dieser Übung möchte ich jedoch die Ausdrucksmöglichkeiten des Gesichts verhindern und die Wahrnehmung der Teilnehmer ganz gezielt auf den Rest des Körpers lenken. Ziel ist es, auf die körpersprachlichen Anteile der Kommunikation zu fokussieren, sie zu interpretieren und dadurch die Wahrnehmung zu schärfen. Gefühlszustände, die sich in bestimmten Haltungen und Bewegungen ausdrücken, können zudem durch somatische Marker sichtbar werden.

Meine Idee dahinter / Ablauf

Mein Kollege Dirk W. Eilert ist Fachmann für Mimikresonanz und Autor einiger Bücher zu diesem Thema. Auf einem Autorenkongress haben wir uns über seine Trainings unterhalten und ich bin sehr beeindruckt von den Botschaften, die er „zwischen den Zeilen" liest.

Auf die Idee zu „Keine Miene verziehen" kam ich, als ich wieder einmal Improtheater spielte und dabei besonders den Gesichtsausdruck betonte. Ich fragte mich, was für einen Unterschied es wohl machen würde, mit „Pokerface" zu spielen und nur über den restlichen Körperausdruck pantomimisch zu wirken. Ich habe das ausprobiert und festgestellt, dass es mir deutlich schwerer fällt meine Botschaften ausschließlich über meine Haltung und Bewegung zu transportieren und das Gesicht dabei völlig auszuschalten.

Ich glaube, dass mir in irgendeiner Impro-Übungen-Sammlung die Methode bereits begegnet ist. Sollte es also einen Urheber geben, der sich hier angesprochen fühlt, dann bitte ich um Kontaktaufnahme.

In Seminaren setze ich die Übung ein, wenn es um das Thema Körpersprache geht. Und das ist eigentlich fast immer der Fall, auch wenn sie nicht das übergeordnete Thema ist. Die Übung eignet sich auch, wenn auffallend viele nonverbale Botschaften aus der Gruppe kommuniziert werden und ich diese für den Prozess nutzbar machen möchte. Die Übung leite ich dann etwa so ein: „Ich habe den Eindruck, dass neben den Äußerungen, die Sie beisteuern, auch noch ziemlich viele nonverbale

Informationen fließen. Diese zusätzlichen Botschaften würde ich gerne nutzbar machen und Sie für die Macht Ihrer Körpersprache sensibilisieren. Dazu bitte ich einen von Ihnen, sich als Protagonisten zur Verfügung zu stellen und mit mir ein kleines Experiment zu wagen." Je nachdem, wie vertraut die Gruppe mit Ihnen ist, können Sie auch einzelne Teilnehmer direkt ansprechen, zum Beispiel: „Kai, wärst du so nett und würdest mich mal bei einem kleinen Experiment unterstützen."

Der Teilnehmer nimmt neben Ihnen auf einem Stuhl Platz, und zwar so, dass er von allen anderen gut gesehen werden kann. Sie erklären nun, dass Sie ihm Gefühle ins Ohr flüstern werden, die er dann körpersprachlich zum Ausdruck bringen soll. Das Besondere daran: Damit die Mimik ausgeschaltet wird, setzt er sich eine Theatermaske auf, die seine Gesichtszüge unkenntlich macht. Wenn Sie eine Maske mit kleineren Augenaussparungen einsetzen, wird die Übung noch anspruchsvoller.

Das Publikum hat nun die Aufgabe, die zugeflüsterten Gefühle zu erraten. Bei einigen Grundgefühlen wie Angst, Trauer, Freude oder Mut ist das noch recht einfach. Aber bereits schamvoll, verlegen, leidend, amüsiert oder hoffnungsvoll können für den Protagonisten wie für das Publikum eine echte Herausforderung sein.[2]

Einen besonderen Effekt erzielen Sie, wenn Sie den Protagonisten zwischendrin oder zum Ende hin auffordern, in die Haltung „neutral", also unbeteiligt, zu gehen. Sie werden feststellen, dass die Beobachter trotzdem körpersprachliche Botschaften wahrnehmen und entschlüsseln, ganz nach Paul Watzlawicks Aussage „Wir können nicht nicht kommunizieren". Das Ergebnis können Sie sinnvoll nutzen, wenn Sie „atmosphärische Störungen" im Team vermuten: „Sehen Sie, jeder von uns trägt eine ganz bestimmte Haltung ins Seminar hinein, die sich eben auch körpersprachlich äußert. Manchmal sind es nur Nuancen, die aber einen spürbaren Eindruck hinterlassen können. Ich möchte Sie dazu einladen, sensibel für Ihren eigenen Körperausdruck zu werden und auch die körpersprachlichen Botschaften der anderen Anwesenden im Auge zu behalten. Was haben Sie bisher schon wahrgenommen, an sich, an anderen?"

---

2 Eine Liste mit Gefühlen finden Sie übrigens auf der Website von Byron Katie: ↗ http://thework.com/sites/thework/deutsch/downloads/emotions_list_german.pdf

Spielräume

Wenn Sie die Übung ohne Maske machen und den Protagonisten lediglich instruieren, das Gesicht unbeteiligt zu lassen, werden Sie schnell eines Besseren belehrt, denn das Gesicht redet nahezu immer mit. Sobald der Körperausdruck anfängt, synchronisiert das Gesicht unsere Haltung – das ist faszinierend.

Sie können die aktuelle Stimmung in der Gruppe auch als Skulptur aufstellen lassen, zum Beispiel mit dem Titel „Installationen". Gleiches gilt für das Seminarthema. Im Rahmen einer Vorlesung zum Thema Führung habe ich die Studenten mit ihren Körpern eine Führungsskulptur anfertigen lassen. Es ist spannend zu beobachten, wie der Abstimmungsprozess läuft und wie ein Thema als „Kunstwerk" interpretiert wird.

Weitere Einsatzmöglichkeiten

Zwei Teilnehmer setzen sich einander gegenüber. Der eine stellt Spekulationen über sein Gegenüber an: seine Familiengeschichte, seine Hobbies, seinen Job, seine Werte etc. Der Zuhörer verzieht keine Miene, hört mit Pokerface zu, oder soll es wenigstens versuchen. Vollkommen unbeteiligt zu bleiben ist für viele eine Herausforderung, gerade wenn die Vermutungen ins Schwarze treffen oder völlig danebenliegen. Die Spekulationen gründen nur auf den ersten Eindrücken, der Kleidung, der Ausdrucksweise, den Körperbewegungen usw. Ich nenne diese Variante „Auf den Busch klopfen".

Die Maske können Sie auch als Symbol einsetzen, wenn es um Inkongruenzen oder um Fassadenhaftigkeit geht. Wenn Sie also den Eindruck haben, vordergründig wird etwas anderes vermittelt als im Kern enthalten ist. Auch hier erinnere ich mich an Watzlawicks Worte: „Wenn Sie nur friedlich und höflich miteinander umgehen, dann entsteht etwas wie Friedhöflichkeit." Nehmen Sie die Maske als Aufhänger, um mit der Gruppe hinter die Fassade zu schauen: Was gäbe es zu entdecken, wenn die Fassade fallen würde? Welche Rolle ist hier vielleicht noch unbesetzt? Welche Gefühle wurden bisher nicht ausgesprochen, sind aber spürbar?

Technische Hinweise

Gruppengröße: fünf Teilnehmer und mehr
Material: neutrale Maske
Dauer: ca. 15 Minuten
Vorbereitung: keine

Meine ganz eigenen Ideen zur Methode

2.43 Mannschaftsaufstellung

Rollen- und Aufgabenklärung innerhalb einer Gruppe

Ziel

Ich bin zwar kein Fußballfan, aber als Coach kann man von der Teambildung und der Mannschaftsaufstellung im Sport doch einiges lernen. Mit dieser Übung geht es mir darum, die Rollen, Aufgaben und Ressourcen in einer Gruppe sichtbar zu machen und jeden Mitspieler an die Position zu bringen, in der er sich am besten einbringen kann.

Meine Idee dahinter / Ablauf

Jogi Löw ist sicher nicht der beste Fußballspieler auf dem Platz, aber seine Aufgabe ist auch nicht auf dem Feld, sondern am Spielfeldrand. Er arbeitet nicht im Spiel sondern am Spiel. Und genau das wird auch mit dieser Methode deutlich. Die Idee dazu kam mir während der Fußball-Weltmeisterschaft 2018 – kein guter Wettbewerb für die deutsche Nationalmannschaft, aber als Ideenbringer hat sie sich für mich dennoch gelohnt.

Damit wir die Abstraktion im Seminar anschaulich hinbekommen, visualisiere ich das Spielfeld mit einem grünen Stoff auf dem Boden. Mehr braucht es gar nicht, um die Fantasie der Anwesenden zu stimulieren. Die begleitenden Erklärungen reichen völlig aus, um den Seminarraum zur Sportarena werden zu lassen.

Sie können die Teilnehmer Motivkarten als zusätzliche Ausdruckskarten für sich selbst aussuchen und auf dem Feld platzieren lassen. Bildkartensets gibt es inzwischen in Hülle und Fülle, und ich habe immer ein Set dabei. Unbedingt nötig ist das aber nicht. Ich arbeite auch mit Metaplankarten in Form von Menschen. Diese können beschriftet werden, und so kann jeder Teilnehmer seinen Namen auf eine solche Karte schreiben und vielleicht auch Aufgaben, Beiträge oder Kompetenzen, die er für die Gruppe bereithält. Als Platzhalter auf dem „Spielfeld" taugen ebenso Gegenstände, die sich die Teilnehmer aus den herumliegenden Materialien ausgesucht haben. Das kann von der Zigarettenschachtel über das Wasserglas bis zum Edding alles sein. Wichtig ist, dass die Gegenstände eine symbolische Bedeutung für den Teilnehmer, seine Rolle und Aufgabe im Spiel (also im Seminarprozess) haben.

Geben Sie einen Mannschaftssport vor. Fußball bietet sich an, weil es dort verschiedene Funktionen gibt und die Mannschaftsgröße in etwa der durchschnittlichen Seminarteilnehmerzahl entspricht (auf jeden Fall bei mir). Die meisten haben recht schnell eine Vorstellung davon, wo sie sich selbst am besten aufgehoben sehen. Allerdings: Wir folgen in dieser Übung nicht starr den Fußballregeln. Kreativität ist unbedingt erwünscht, und ich sehe es sehr gerne, wenn neue Positionen erschaffen werden, die es in der offiziellen Aufstellung gar nicht gibt. Wenn sich also jemand eher am Spielfeldrand als den „Versorger" sieht, den „Mann in der zweiten Reihe" oder als den „Sanitäter", dann ist das für mich alles erlaubt. Das Spielfeld soll nur einen gemeinsamen Referenzrahmen geben und keine Einschränkungen auferlegen, die in ein Korsett pressen, in das man nicht passt. Was nicht passt, wird passend gemacht – zumindest in dieser Übung.

Ähnlich wie in einer Organisationsaufstellung kann hier nun mit den Figuren experimentiert werden: Was ändert sich, wenn ich meine Position ändere? Wen hätte ich gerne zusätzlich auf dem Feld? Nach welchen Regeln soll hier gespielt werden?

Die Mannschaftsaufstellung setze ich oft in einer frühen Phase des Gruppenprozesses ein, damit sie auf die Forming-, Storming- oder Norming-Phase unterstützend einwirken kann. Die Form der Externalisierung – „über den Dingen zu stehen" – erleichtert den Perspektivwechsel auf die Situation im Seminarraum. Die Teilnehmer machen sich selbst vorübergehend zu Objekten und gehen so auch emotional auf Distanz. Auf diese Weise kann es möglich werden, „heiße" konfliktbeladene Situationen in der Gruppe handhabbar zu machen.

 ### Spielräume

Anstatt die Teilnehmer sich selbst auf dem Feld positionieren zu lassen, können Sie auch eine Fremdeinschätzung als Variante testen: Jeder Teilnehmer schreibt seinen Namen auf einen Zettel, faltet ihn zusammen und wirft ihn in eine Losbox (Hut, Schüssel, Karton …). Danach werden die Namen gezogen. (Wer sich selbst zieht, wirft seinen Zettel wieder zurück.) Anschließend muss jeder Teilnehmer seinen „Zettelkandidaten" so auf dem Spielfeld platzieren und einteilen, dass er dort den „bestmöglichen Einsatz" bringen könnte. Ich finde es immer sehr schön, wenn die klassischen Positionen wie Stürmer, Verteidiger, Mittelfeldspieler, Torwart etc. ergänzt werden durch weitere Mitspieler. Warum können nicht mal Cheerleader für die gute Stimmung sorgen? Oder wie wäre es mit Ersthelfern, die immer ein fürsorgliches Auge haben? Regen Sie die Kreativität der Gruppe an. Und wenn ein sehr homogenes Bild entsteht, dann ist das ja auch ein Ergebnis, das nach weiterer Auswertung verlangt.

Wenn Sie keinen grünen Stoff haben, taugt natürlich auch eine Pinn- oder Magnetwand, deren äußerer Rahmen das Spielfeld eingrenzt. Zögern Sie aber nicht, durch ein paar Hilfslinien wie Feldmarkierungen oder Tore die Arbeitsfläche optisch etwas aufzupeppen. Kleine Visualisierungen erleichtern nämlich den Transfer von der realen Gruppe in die Metapher des Sports.

Weitere Einsatzmöglichkeiten

Die Methode können Sie sowohl für einen Teamentwicklungsprozess einsetzen als auch für die Prozessreflexion in einer offenen Seminargruppe: Wie und wo sehe ich mich selbst (Selbstbildbestimmung)? Nach welchen Regeln wünsche ich mir die Zusammenarbeit heute oder für die nächsten Tage?

Sie können der Gruppe auch eine ganz offene Frage stellen: Wenn unsere Zusammenarbeit hier eine Sportart wäre, welche wäre das für Sie? Bei der Teamentwicklung: Welche Sportart charakterisiert im Moment am besten den Zustand in Ihrem Team? Vielleicht kommen sehr unterschiedliche Beschreibungen, vielleicht kann sich die Gruppe sogar auf ein Spiel verständigen, das zur Ausgangsbasis für die weitere Arbeit an den Strukturen und den Inhalten wird.

Schließlich kann der ganze Seminarraum zur Spielfläche werden, wenn Sie nämlich aus der Mannschaftsaufstellung eine Aufstellungsarbeit machen. Offizielle oder inoffizielle Rollen und deren Wirkung lassen sich im Rahmen einer systemischen Strukturaufstellung oder Organisationsaufstellung hilfreich auf die Bühne bringen. Dafür sollten Sie jedoch über ausreichend Kenntnis dieser Methoden verfügen.

Technische Hinweise

Gruppengröße:	acht Teilnehmer und mehr
Material:	grüner Stoff, Platzhalter für die Aufstellung (z. B. Karten)
Dauer:	ca. 20–30 Minuten
Vorbereitung:	Spielfläche inszenieren

Meine ganz eigenen Ideen zur Methode

2.44 Tabu im Business

„Drumherum-Reden" als Hilfe, um auf den Punkt zu kommen

Ziel

Die Methode eignet sich hervorragend als Einstieg in das Seminarthema. Auf spielerische Art werden die Teilnehmer mit zentralen Begriffen aus der Agenda bekannt gemacht. Der große Vorteil dieser Methode ist: Die Anwesenden selbst stellen diese Keywords der Gruppe vor, indem sie sie umschreiben. Durch Zurufe versucht die Gruppe, die Begriffe zu erraten – und daraus erschließen sich ganz automatisch noch weitere (heitere?) Themenfelder.

Meine Idee dahinter / Ablauf

Kennen Sie das Gesellschaftsspiel „Tabu"? Für mich ist es seit Jahren ein Renner. Es sorgt bei mir nicht nur für extrem gute Laune, sondern fordert auch noch eine gute Portion Kreativität und Spontaneität. Es gibt das Spiel in den Versionen „classic" und „XXL". Ich stelle Ihnen hier eine vereinfachte Form vor, die ich für das Seminargeschehen nutzbar gemacht habe.

Schon in der Ausschreibung eines Seminars stechen besondere Begriffe heraus, die eine zentrale Bedeutung für die Inhalte haben. Diese Begriffe notiere ich auf Moderationskarten. Darunter folgen, analog zum Originalspiel, vier weitere Begriffe, die eng mit dem Oberbegriff zusammenhängen und diesen typischerweise beschreiben. Diese Assoziationen sind aber für den Protagonisten absolut tabu. Wenn ich eine Auswahl an verschiedenen Stichworten zusammengetragen und um die vier Tabus ergänzt habe, ist die Vorbereitung auch schon abgeschlossen und der Spaß kann losgehen.

Ein Freiwilliger kommt zu mir und erhält als einziger Einsicht in meine Karten. Für ihn spiele ich also mit „offenen Karten", die dem Rest der Gruppe jedoch verschlossen bleiben. Er hat nun die Aufgabe, den Oberbegriff der Gruppe vorzustellen, ohne ihn und seine beschreibenden vier Tabu-Wörter zu nennen. Alle anderen verbalen Erklärungen kann er nutzen, ergänzend auch Handbewegungen oder vollen Körpereinsatz. Wenn er will, kann er den Begriff auch zeichnen. Fremdsprachliche Übersetzungen sind jedoch ebenfalls tabu, was vor allem für internationale Teams ein wichtiger Hinweis ist. Pro Begriff sollten Sie einen Zeitrahmen von maximal zwei Minuten setzen, dann kommt die nächste Karte.

Notieren Sie die Zurufe aus dem Publikum, die Ihnen relevant erscheinen, auf dem Flipchart. Dadurch bekommen Sie eine schöne Begriff- und Materialsammlung, die Sie gemeinsam mit der Gruppe im Anschluss auf ihre Verwertbarkeit hin überprüfen können. Die Übung ist außerdem ein schöner Reframing-Ansatz, denn sie provoziert Umdeutungen und bringt den Begriff möglicherweise in einen völlig anderen Zusammenhang. Selbst wenn gar keine neuen Erkenntnisse durch die Übung ans Tageslicht kommen, ist der Spaßfaktor in jedem Fall hoch. Im Rahmen eines Deeskalationsseminars habe ich zum Beispiel den Begriff „Meinung" erklären lassen, mit den Tabus: Überzeugung, Urteil, Auffassung, Standpunkt.

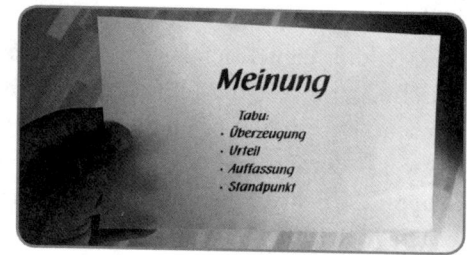

Je höher die Abstraktionsebene des Begriffes ist, desto schwieriger wird es, ihn zu beschreiben. Ich fange daher in der Regel mit Objekten an und arbeite mich dann zu begriffen wie „Empathie" oder „Prozess" weiter.

Spielräume

Sie können die Gruppe auch einzelne Karten vorbereiten lassen. Dann bekommt jeder die Aufgabe, einen für das Thema relevanten Begriff zu notieren und seine vier Tabus hinzuzufügen. Wenn Sie die Gruppe in zwei Hälften teilen, können Sie daraus sogar einen Wettbewerb machen, indem sich die Mannschaften gegenseitig Erkläraufgaben stellen.

In manchen Unternehmen gibt es tatsächlich „Tabus", also Dinge, über die man besser nicht spricht, weil sie „heikel" sind. Bei unternehmensinternen Seminaren frage ich danach (obwohl es dann fast schon kein Tabu mehr ist, wenn man es anspricht). Ich sehe es nicht als meine Aufgabe, Fässer zu öffnen, die besonders gründlich verschlossen wurden; der Kunde bestimmt den Inhalt. Aber die im Vorgespräch erfragten „Tabus" halte ich auf farbigen, großen Papierbögen fest (pro Begriff zum Beispiel ein farbiges DIN-A4-Blatt), weil sie erfahrungsgemäß stark im Hintergrund wirken. Im Lauf des Seminars kann ich immer mal wieder Bezug darauf nehmen mit der Anspielung „und vermutlich berührt das gerade ein Tabu, um das es hier heute nicht gehen soll." Wenn die Anwesenden dann Tabus brechen, springe ich auf den Zug auf.

Weitere Einsatzmöglichkeiten

In der Supervision arbeite ich mit einer Abwandlung dieser Übung. Ich nenne sie dort „Die Katze um den heißen Brei". Das Helfer-Team bekommt die Aufgabe, bei der Fallschilderung des Supervisanden besonders auf das zu achten, was er nicht sagt. Die Zuhörer sollen also auf die Botschaften zwischen den Zeilen hören oder auf die Aussparungen achten, die dem Falldarsteller womöglich gar nicht bewusst sind.

Im Einzelcoaching können Sie „Tabu" auch zur Sprachsensibilisierung einsetzen, indem Sie bestimmte Begriffe ausschließen: „wir", „man", „eigentlich", „sollte" oder „müsste". Diese Begriffe können Sie als Tabus an die Pinnwand bringen und gemeinsam mit Ihrem Klienten darauf achten, ob er im Lauf des Gesprächs ein solches Tabu bricht. Seine Aufgabe ist es dann, die Aussage zu differenzieren.

Technische Hinweise

Gruppengröße: acht Teilnehmer und mehr
Material: Tabukarten, Zeitmesser
Dauer: ca. 20–30 Minuten
Vorbereitung: Begriffe und Tabus definieren und auf Karten schreiben

Meine ganz eigenen Ideen zur Methode

_____
_____
_____
_____
_____
_____
_____
_____

2.45 Schwafelhölzer

Die Redezeit begrenzen, damit sich niemand die Finger verbrennt

Ziel

Redezeiten sind oft unterschiedlich verteilt. Es gibt die Geschichtenerzähler und die Zeitraffer. Dabei ist nicht immer klar, wer von beiden mehr zu sagen hat. Die Übung „Schwafelhölzer" unterstützt dabei, Inhalte in einem vorgegebenen Zeitrahmen auf den Punkt zu bringen und sich durch den Blick auf die Flamme zu fokussieren. Ich finde die Symbolik des Streichholzes so toll, weil man „die Dinge in der Hand hat", im Gegensatz zu einer Uhr, die irgendwo an der Wand hängt und die Redezeit misst. Manche Teilnehmer experimentieren sogar mit dem Streichholz, um es je nach Haltung länger brennen zu lassen.

Meine Idee dahinter / Ablauf

Ich habe die Methode als Streichholz-Feedback in einer Supervision kennengelernt. Im Buch „Spielbar II" von Axel Rachow werden Streichhölzer als Hilfsmittel im Rahmen der Evaluation eingesetzt, unter dem Titel „Blitzlicht – Nichts anbrennen lassen". Die Idee ist einfach zu gut, um sie dem Feedback vorzubehalten. Ich setze Streichhölzer im Seminar sehr oft ein, weil sie eine vielfältige, metaphorische Bedeutung haben, nichts wiegen und so gut zu transportieren sind. Streichhölzer können stehen für zündende Ideen, Ausbrennen, die große Kraft kleiner Dinge, die Wirkung des Sich-aneinander-Reibens usw.

Der Einsatz ist denkbar einfach: Damit es nicht zu endloser „Schwafelei" kommt, limitiert die Brenndauer des Streichholzes die Redezeit. Die Streichholzschachtel geht also von Hand zu Hand und jeder Teilnehmer nimmt sich ein Schwafelhölzchen. Damit die Zeit nicht ganz so eng begrenzt ist, nutze ich die extra großen Streichhölzer mit einer Brenndauer von ca. einer Minute. Für Feedback räume ich keine Vorbereitungszeit ein, da geht jedem ganz spontan „sein Licht auf". Aber wenn es darum geht, Anfangsstatements in die Gruppe zu geben, zum Beispiel Grundüberzeugungen oder Erwartungshaltungen, dann gebe ich die Möglichkeit, für zwei bis drei Minuten die Gedanken zu sortieren oder sich Notizen zu machen.

Damit sich die Teilnehmer nicht die Finger verbrennen, wandert ein Wasserglas mit, um das abgebrannte Zündholz darin zu versenken.

Achtung: Bitte behalten Sie bei dieser Übung immer die Sicherheit der Teilnehmer und den Brandschutz im Auge. Wenn Ihnen das Spiel mit dem Feuer zu gefährlich erscheint oder Sie Gefahr laufen, den Feuermelder oder die Sprinkleranlage des Hotels auszulösen, dann verzichten Sie besser darauf.

Spielräume

Mit den Übungen „Der Rosinenpicker" (2.5) und „Der Taschenspieler" (2.33) habe ich Ihnen bereits Tools vorgestellt, um Inhalte zu sichern und den Fokus auf hilfreiche Ausnahmen zu lenken. Eine schöne Variante dazu ist das Sammeln von Streichhölzchen, wenn die Teilnehmer „Feuer und Flamme" für etwas sind. Wenn sich jemand für etwas aus dem Seminar besonders begeistern kann, eine Übung, einen Spruch, eine Erklärung, ein Bild, dann kann er ein Streichholz aus seiner Schachtel nehmen. Dafür habe ich zu Beginn auf jeden Stuhl eine Streichholzschachtel gelegt. Wenn Sie wollen, beschriften Sie die Packung noch mit „Feuer und Flamme". Am Ende oder im Rahmen einer Zwischenbilanz kann jeder vorstellen, wofür er „Feuer und Flamme" ist.

Ähnliches gilt für „zündende Ideen". Lassen Sie die Teilnehmer Streichhölzer sammeln, wenn ihnen zu einem Thema eine zündende Idee oder zu einem Problem die zündende Lösung einfällt. Machen Sie die Probe: Wie viele Streichhölzer konnten Sie bisher zusammentragen in der Rubrik „Meine ganz eigenen Ideen zur Methode"?

Weitere Einsatzmöglichkeiten

Fast schon in Vergessenheit geraten ist die schöne Variante, mithilfe von Streichhölzern auch Gruppen zu bilden oder einen „Freiwilligen" (besser „Zufälligen") zu bestimmen. Dazu nehmen Sie so viele Streichhölzer, wie es Teilnehmer gibt und brechen bei einem den roten Kopf ab. Wer dieses Hölzchen gezogen hat, ist der Auserwählte. Ähnlich verhält es sich bei der Einteilung von zwei Gruppen: rote Köpfe und Kopflose werden gezogen!

Technische Hinweise

Gruppengröße: acht Teilnehmer und mehr

Material: Streichhölzer, Wasserglas, Wasser

Dauer: ca. 10 Minuten

Vorbereitung: Das Wasserglas mit Leitungswasser füllen

Meine ganz eigenen Ideen zur Methode

2.46 Der Stoff, aus dem die Ziele sind

Ziele visualisieren und ins Gespräch kommen

Ziel

Nach einem Seminar entstehen oft „gut gemeinte Absichtserklärungen", die leider allzu häufig nicht länger haltbar sind als ein Joghurt. Die zusätzliche Inszenierung der Ziele fördert deren Verbindlichkeit und Nachhaltigkeit. Außerdem wird durch den optischen Eindruck ein zusätzlicher visueller Anker und bei der Arbeit am Exponat ein kinästhetischer Anker gesetzt. Die multisensorische Arbeit wirkt also gleich auf mehreren Ebenen. Die Inszenierungen fördern außerdem den Austausch mit der Restgruppe. Etwas über das Ziel zu erzählen und der Austausch mit den anderen Anwesenden fördern ebenfalls die Chance auf Realisierung.

Meine Idee dahinter / Ablauf

Am Ende vieler Seminare steht die Feedbackrunde. Die Veranstaltung wird kommentiert und der persönliche Nutzen gezogen. Ich finde solche Abschlussrunden sinnvoll, möchte sie aber ergänzen mit der Frage: Und was mache ich jetzt daraus? Oder: Wie geht es weiter? Ein Blick in die Zukunft, der im NLP „Future Pace" genannt wird.

In vielen Fällen trennen sich die Wege von Seminarleiter und Teilnehmern nach der Veranstaltung wieder. Umso wichtiger finde ich es, einen Impuls zu setzen, der nachwirkt. Mit „Kartenleser" (2.36) habe ich Ihnen bereits eine Möglichkeit vorgestellt, um nach dem Seminar die Teilnehmer zu reaktivieren. Mit „Der Stoff, aus dem die Ziele sind" wird bereits während der Veranstaltung ein Ausblick geworfen auf die „Alleinstellungsmerkmale" – auf die Zeit nämlich, in der die Teilnehmer wieder auf sich alleine gestellt sind.

Was biete ich für die Inszenierungen an? Alles, was mein Fundus an Dekomaterial und Requisiten hergibt. Und es kann alles genutzt werden, was den Teilnehmern sonst noch im Raum und in der Umgebung in die Finger kommt. Die Aufgabe besteht darin, eine Art „Kunstobjekt" oder „Installation" zu fertigen. Damit soll das Ziel (oder die Ziele) des Künstlers zum Ausdruck kommen. Manchmal ist bereits mit einem Objekt alles gesagt. Andere zaubern eine Collage aus vielen verschiedenen Objekten, die dann zu einer Einheit verschmelzen. Wie beim Zeichnen geht es hier nicht um Perfektion, sondern um Innovation: ausgefallen und einzigartig darf es sein. Das Ergebnis soll vor allen Dingen für den Künstler eine Aussage haben. An manchen Kunstwerken steht auch ein Titel, sodass die Betrachter den Bezug leichter herstellen können. Aber manchmal steht unter dem Namen des Künstlers auch einfach „ohne Titel". Darunter kann man sich dann alles Mögliche vorstellen.

Räumen Sie für das Aussuchen der Materialien und das Anfertigen der Installation fünf bis zehn Minuten ein. Einige werden schnell fertig sein, andere könnten eine ganze Stunde damit verbringen. Beugen Sie also Langeweile und Endlos-Aktionismus vor, indem Sie die Zeit begrenzen. Wenn die Installationen fertig sind, eröffnen Sie die Ausstellung. Lassen Sie die Teilnehmer von Objekt zu Objekt gehen, wobei alle mit dem Namen des Künstlers und ggf. einem Titel der Arbeit versehen sind. Es entsteht die Atmosphäre einer Vernissage. Kommentare, auch kritische, sind gewollt, denn schließlich finden sich auch im Museum nicht nur Freunde und Gönner von Künstlern. In den kritischen Kommentaren können zum Beispiel auch Zweifel an Plänen oder Zielen laut werden. Im NLP würde man das den „Öko Check" nennen, der hier aber von den Betrachtern und nicht vom Coachee selbst kommt.

Ich verlängere die Vernissage, wenn es die Zeit erlaubt, um eine entsprechende Einführung durch den Künstler. Sie kennen das vielleicht von einer Ausstellungseröffnung oder der Werkeinführung vor Opernbeginn. Indem der Künstler den anderen Teilnehmern seine Ziel-Installation erklärt und seine Gedanken in Worte fasst, nimmt die Kraft der inneren Bilder zu: „Alles, was du dir vorstellen kannst, ist real" (Pablo Picasso).

 Spielräume

Im Rahmen einer Team- oder Organisationsentwicklung können Sie die Teilnehmer auch ein gemeinsames Ziel inszenieren lassen. In der Gruppe macht das oft besonders viel Spaß. Hier ist auch der Kommunikationsprozess von hoher Bedeutung: Wie verständigt sich die Gruppe auf ein gemeinsames Ziel-Objekt? Gibt es eine Aussage, die für alle passt? Hat die Gruppe so etwas wie einen gemeinsamen Traum? Sie sehen schon, auch im Rahmen einer Missions- oder Visionsentwicklung kann die Übung gut eingesetzt werden.

Ich bin ein großer Freund von ungewöhnlichen Orten. „Der Stoff, aus dem die Ziele sind" fordert fast schon dazu auf, den Seminarraum zu verlassen und sich stimulierende Orte zu suchen. Im Rahmen einer Führungskräfteentwicklung habe ich mich zum Beispiel dazu entschieden, mit allen Teilnehmern in ein Museum zu gehen. Wir haben uns dort über verschiedene Kunstobjekte im Hinblick auf Struktur und soziale Zusammenhänge ausgetauscht, die „Führungskultur" besprochen, und anschließend begleitete uns die Museumspädagogin in die Werkstatt zum gemeinsamen „Künstlern".

Weitere Einsatzmöglichkeiten

Bereits vor dem (ersten) Seminartag können Sie die Teilnehmer anregen, sich schon mit einem Ziel-Entwurf zu beschäftigen. Mit der Einladung zum Seminar laden Sie auch dazu ein, sich über das gewünschte Ziel ein paar Minuten Gedanken zu machen: „Was möchten Sie erreichen, wozu Ihnen das Seminar eine gute Hilfe sein kann? Halten Sie Ihr Zielbild in einem Bildmotiv fest. Sie können entweder selbst eine Aufnahme machen, auf ein vorhandenes Bild zurückgreifen oder auch eine Collage erstellen. Schneiden Sie dazu einfach Texte und Bilder aus Zeitungen und Magazinen aus und erstellen Sie Ihr eigenes Zielbild. Dieses bringen Sie dann mit in die Veranstaltung."

Zum Ende einer Veranstaltung oder am Ende des Seminartages können Sie die Teilnehmer auch mit einer Imagination in die Welt der Träume (Ziele) führen. Meine Kollegin Antje Abram hat in ihrem Buch „Imaginationen" eine schöne Anleitung zum Erstellen eines inneren Zielbildes entwickelt. Sie müssen also kein Trance-Profi sein, um die Kraft der inneren Bilder zu nutzen. Wenn die Teilnehmer es wünschen, können sie noch über die inneren Bilder sprechen oder die Innenreise einfach so auf sich beruhen lassen. Beobachten Sie, welche Signale die Gruppe sendet.

Technische Hinweise

Gruppengröße: acht Teilnehmer und mehr
Material: diverse Requisiten
Dauer: ca. 30–45 Minuten
Vorbereitung: keine

Meine ganz eigenen Ideen zur Methode

_____
_____
_____
_____
_____

2.47 Mein Vermächtnis

Unsere Botschaft an die Welt zum Ausdruck bringen

Ziel

Ich bin davon überzeugt, dass jeder Mensch etwas zu sagen hat. Einige tun es lauter und öfter als andere, aber das sagt ja nichts über die Bedeutung der Botschaft aus. Ich glaube, die meisten von uns wünschen sich, etwas in die Welt geben zu können, was sie überdauert. Sicher sind es bei uns Autoren die Bücher, die eine Art Zeitgedächtnis sind. Mit der Methode „Mein Vermächtnis" möchte ich diesem Bedürfnis Ausdruck verleihen. Die Teilnehmer geben der Gruppe etwas mit auf den Weg, was sie für besonders wertvoll halten. Eine Diskussion darüber findet nicht statt.

Meine Idee dahinter / Ablauf

Mit „Horst Schredder" und „Kakatete" (Methode 2.29) habe ich Ihnen bereits zwei Figuren vorgestellt, die gerne mal ihre Meinung kundtun, auch wenn sie nicht gefragt sind. Sie beeindrucken durch ihre unverrückbare Meinung, die sie mit aller Konsequenz vertreten. Die Methode erinnert ein wenig das „Basta" von Altbundeskanzler Gerhard Schröder: „Schluss, so ist es eben!" Neben den Inhalten ist es mindestens genauso wichtig, *wie* Sie etwas sagen. Dadurch schaffen Sie jede Menge „Impact" (mehr dazu in Kap. 3.2, Seite 208).

„Mein Vermächtnis" ist als Format nicht ganz neu. Mir ist es unter dem Titel „Mein Testament" schon öfters begegnet, allerdings hauptsächlich als Tool im Einzelcoaching. Ich setze es dort ein, um das Thema „Selbstwert" und „Selbstbild" methodisch zu unterstützen. Doch viele gute Formate aus dem Einzelcoaching können – leicht angepasst – auch eine tolle Wirkung im Seminar entfalten (umgekehrt gilt dasselbe). Ich sehe also noch viel Potenzial, um gute Ideen noch zielgruppengerechter einzusetzen. Sie werden inzwischen gemerkt haben, dass ich bei meinen agilen Seminarmethoden immer wieder auch auf die Arbeit mit Einzelklienten oder Paaren schiele.

Bei allen Methoden lege ich besonderen Wert auf die Inszenierung der Botschaft. Hier gilt der Grundsatz: 20 Prozent sind Inhalt, 80 Prozent sind paraverbale Kommunikation und Haltung. Da diese Ungleichverteilung per se eine so entscheidende Rolle spielt, sollte sie m.E. unbedingt noch deutlicher herausgestellt werden. Es macht einen erheblichen Unterschied, ob ich „Mein Vermächtnis" vom Stuhl aus einfach von einem Blatt ablese oder es dramaturgisch unterstütze.

Was kann also ein Vermächtnis sein? Grundsätzlich alles, was ein Teilnehmer zu seiner innersten Überzeugung zählt und von dem er glaubt, dass es für die Gruppe von großer Bedeutung ist. Dazu zählen gute Ratschläge und Rezepte, Ideen, Wissen, Empfehlungen, Geschichten, Metaphern, Analogien. Grenzen gibt es keine, solange der Protagonist einen plausiblen Bezug zum Thema herstellen kann. Das ist die einzige Voraussetzung: „Das Vermächtnis" muss eine klare Botschaft bereithalten, die das Seminarthema nochmal besonders beleuchtet, einen ergänzenden Hinweis liefert oder Denkanstöße dazu bereithält.

Nun ist nicht jeder Seminarteilnehmer ein Theaterstar. Nicht jeder hat Freude an großen Bühnenauftritten à la „Horst Schredder". Deshalb ist die Dramaturgie zur Vorstellung von „Mein Vermächtnis" jedem selbst überlassen. Was aber für alle gilt: Es wird nicht darüber diskutiert! Schließlich kann jeder der Anwesenden immer noch selbst entscheiden, was er davon mitnimmt und nachwirken lässt.

Ich habe mir angewöhnt, für die Methode einen Rahmen anzubieten, der nach Belieben genutzt werden kann. Für manche ist es hilfreich, wenn sie sich neben dem Inhalt weniger Gedanken über die Inszenierung machen müssen. Dafür richte ich mit ein paar Handgriffen einen Thron her, der für die „Ansprache an das Volk" eine besondere Autorität ausstrahlt.

Das Schöne an diesem Format ist die „Erhabenheit": Wer etwas zu vermachen hat, schwebt quasi über den Dingen. Er muss sich nicht rechtfertigen, muss nichts erklären. Für ihn gilt der Spruch: „Wir sind hier bei ‚So ist es' und nicht bei ‚Wünsch dir was'." Wie Sie am Bild des Kakatete sehen können, habe ich für meine Auftritte ein goldenes Buch angefertigt, in dem besondere Weisheiten enthalten sind. Ob Sie es „Das goldene Buch" nennen oder „Das Buch mit sieben Siegeln", ist ganz egal. Sie können „Mein Vermächtnis" dadurch nochmal aufwerten. Geizen Sie nicht mit Accessoires. Auch eine ruhige, meditative Musik im Hintergrund fördert den andächtigen Rahmen.

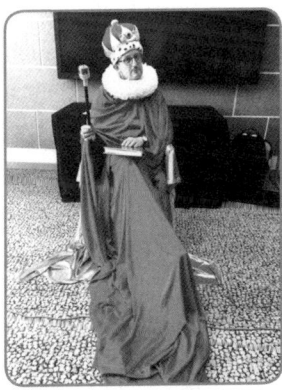
Der Thron bei einer Ansprache des Kakatete an sein Volk

Der Thron mit meiner Assistentin Nele

Spielräume

Um agil auf die Bedürfnisse der Kunden einzugehen ist es wichtig, immer wieder Feedbackschleifen einzubauen: Wo stehen sie im Prozess? Was brauchen sie jetzt gerade? Was können sie bereits „sichern" und als Erfolg verbuchen? Lassen Sie die Gruppe daher zwischendrin auch Konsens herstellen und herausarbeiten, was zu einer „allgemeinen Weisheit" werden kann. Vielleicht gibt es „Die zehn Gebote für unseren erfolgreichen Wandel"? Oder kann die Gruppe Axiome erarbeiten, aus denen sich dann Handlungsaufforderungen (Postulate) ableiten lassen?

Wenn ich von „Spielräumen" spreche, schwingt bei mir immer eine Raum-Alternative mit. Wenn Sie über geeignete Räumlichkeiten verfügen, dann wechseln Sie durchaus vom Arbeitsraum in einen „Klausur- oder Audienz-Raum". Damit schaffen Sie eine gute Trennung zwischen „To-do" und „To-safe". Wenn Sie aus dem Vermächtnis zum Beispiel „Mein Erbe" machen, können Sie die Anwesenden entscheiden lassen, ob sie das Erbe antreten oder ausschlagen möchten. Zwar erfolgt auch dann keine Diskussion zur Sache, aber eine klare Entscheidung.

 ### Weitere Einsatzmöglichkeiten

Damit sich die Seminarteilnehmer auf inszenierte Präsentationen einlassen können, ist es mir wichtig, dass ich als „gutes Beispiel" vorangehe und mich selbst in den verschiedenen Rollen darstelle. Das senkt die Hemmschwelle. Außerdem lache ich viel über mich selbst und über lustige Pannen, was eine entspannte Arbeitsatmosphäre schafft. Ermutigen Sie die Teilnehmer zum Ausprobieren, Experimentieren und Querdenken. Wenn wir schon bei Vermächtnis, Erbe und Testament sind, liegt der Glaube ja nicht fern und die Glaubenssatzarbeit erwischt uns wieder mal mit ihrer vollen Kraft. Lassen Sie jeden einzelnen sein persönliches „Glaubensbekenntnis" erstellen: Was ist für mich inzwischen ganz klar geworden? Woran werde ich auch zukünftig festhalten? Was sind die Pfeiler meiner Tätigkeit?

Bei „agilen Seminarmethoden" kommen Sie am „agilen Manifest" kaum vorbei. Im Jahr 2001 haben siebzehn Erstunterzeichner einen Wertekodex erarbeitet und unterschrieben, der unter dem Titel „agiles Manifest" inzwischen auch in der Literatur und im Internet zu finden ist.[3] Wie wäre es also, wenn die Gruppe sich über ihr eigenes Manifest verständigen würde?

---

3   Informationen dazu finden Sie unter
    ↗ https://de.wikipedia.org/wiki/Agile_Softwareentwicklung#Agile_Werte (Stand 8./2018).

Technische Hinweise

Gruppengröße: fünf Teilnehmer und mehr
Material: Papier, Bleistift, farbige Dekostoffe, Stuhl
Dauer: ca. 30 Minuten
Vorbereitung: Thron inszenieren

Meine ganz eigenen Ideen zur Methode

_____

2.48 Kindheitshelden

Von den Besten lernen (Modelling)

Ziel

Wir müssen nicht alles wissen und können. Zu wissen, wer was weiß und kann, ist aber ein ungeheurer Vorteil! Mit dieser Methode möchte ich auf unkonventionelle Art „Insider-Wissen" anzapfen und für die Teilnehmer nutzbar machen. Es kommt gar nicht so sehr darauf an, dass diese Insider „inside the room" sind. Ganz im Gegenteil. „Insider" sind Leute, die eingeweiht sind, oft in ein Geheimnis. Sie verfügen über Informationen und Kompetenzen, die der Allgemeinheit in der Regel nicht zur Verfügung stehen. Als Kinder hatten wir oft eine besondere Beziehung zu solchen „Insidern", die uns in Form von Helden, Zauberern oder Stars begegnet sind. Fragen wir doch dort mal um Unterstützung!

Meine Idee dahinter / Ablauf

Im Rahmen einer ressourcen- und lösungsorientierten Arbeit ist das Zurückgreifen auf Unterstützer eine gängige Methode. Grundsätzlich kann jeder Unterstützer sein: Beste Freunde, Familienangehörige, verstorbene Personen, aber auch Tiere oder Romanfiguren können als Rat- und Kraftgeber fungieren.

Für diese Methode habe ich mich speziell auf die Kindheitshelden konzentriert, da sie im besonderen Maße die Fantasie anregten. Als Kinder haben wir zusammen mit den Helden gefiebert, gekämpft und uns in eine andere Welt zurückgezogen, in der wahr wurde, was andernorts verboten war oder unmöglich schien. Ein Stück weit darf es diese kindliche Fantasie sein, die mit der Übung in den Seminarraum zurückgeholt werden soll.

Egal ob es um ein Problem geht, einen Konflikt oder ganz einfach um ein zentrales Thema: Kindheitshelden können grundsätzlich als Impulsgeber für das Seminargeschehen „angezapft" werden. Das Schöne ist, dass dadurch „out of the box" gedacht wird, und zwar auf eine sehr spielerische Art und Weise. Der Druck ist raus, sofort „vernünftig und erwachsen" zu denken. Gerade durch die Einladung, wieder an die eigene Kindheit anzuknüpfen und darüber nachzudenken, wen wir damals so alles toll fanden, löst bei den meisten Teilnehmern schon Spaß und Lachen aus. Wissen Sie noch, wen Sie so mit zehn, elf oder zwölf alles toll fanden?

Mit Methode Parts Party (2.10) habe ich ja bereits einen ähnlichen Ansatz vorgestellt. Allerdings sucht „Parts Party" die Helden „in uns selbst", also die inneren Anteile, die in uns wirken. Hier schauen wir von außen auf die aktuelle Situation und zwar mithilfe eines erweiterten Blickes durch die Augen eines Helden. Und die sind es offenbar gewohnt, so schnell vor keinem Hindernis zu resignieren.

Im NLP ist das Nutzbarmachen von besonderen Kompetenzen, die wir an anderen Menschen entdecken, unter dem Begriff „Modelling" bekannt. Besonders hilfreiche Eigenschaften und Verhaltensweisen werden in kleine Prozessschritte zerlegt, sodass sie reproduziert werden können. „Meine Kindheitshelden" ist Modelling aus der zweiten Position: Wir bewegen uns also „in den Schuhen" unseres Kindheitshelden und versuchen, so weit wie möglich zu denken, fühlen und handeln wie dieser Held.

Geben Sie den Teilnehmern zwei bis drei Minuten Zeit, um sich in ihre Kindheit hineinzuversetzen. Ich leite das zum Beispiel so ein: „Stellen Sie sich vor, Sie sind wieder ein Kind im Alter von zehn oder elf Jahren. Sie lieben Geschichten, wundern sich über die Grenzen in den Köpfen der Erwachsenen und verbünden sich mit den Helden, die Ihre Fantasie ein ums andere Mal beflügeln. Genau diese Helden sind es, die einen ganz anderen, kreativen Blick auf Ihre heutigen Themen haben. Sie kennen keine Grenzen, kein ‚Das geht nicht' und ‚Das haben wir schon immer so gemacht'. Für Ihre Helden geht alles, was Sie sich vorstellen können. Lassen Sie Ihren ganz persönlichen Kindheitshelden für einen Augenblick wieder lebendig werden …" Geben Sie für diese kleine Zeitreise ruhig etwas Zeit. Nicht jedem fällt es leicht, sofort einen Sprung zurück in die Vergangenheit zu machen. Zumal, wenn man jahrelang darauf trainiert wurde, endlich „erwachsen und vernünftig" zu werden – wie schade.

Wenn jemand keinen Helden identifizieren kann, dann schlagen Sie eine Alternative vor: „Welche gegenwärtige Persönlichkeit schätzen Sie? Welche Eigenschaft hätten Sie gern, die Sie an einer noch lebenden oder bereits verstorbenen Person beeindruckt?" Niemand muss sich Druck damit machen, wenn es keinen Helden gab oder der Zugriff auf diesen verbaut ist.

Wenn alle ihren „Helden" identifiziert haben, macht es besonders viel Spaß, diese Figuren durch typische Aussagen, Verkleidungen oder Körperbewegungen „lebendig" werden zu lassen. Lassen Sie Ihre Teilnehmer körperlich in die Figur des Helden schlüpfen und stellen Sie dann Fragen zum Thema oder Problem: Was würde dein Held dazu sagen? Wie würde dein Held damit umgehen? Welchen Ratschlag hätte dein Held für dich parat? Halten Sie die Aussagen jeweils am Flipchart fest, sodass nach und nach eine schöne Sammlung an „Heldentaten" zusammenkommt. Wenn Sie im Visualisieren geübt sind, zeichnen Sie noch ein paar „Kraftmännchen" mit ordentlichen Muskeln hinzu. Mit Sprechblasen versehen, in die Sie die Aussagen hineinschreiben, erreichen Sie Cartoon-Qualität: wieder eine tolle Vorlage für Fotos.

Spielräume

Die Bundeszentrale für politische Bildung (bpb) führt unter „Wir sind Helden"[4] eine Darstellung von Alltagshelden, die durch ihre besondere Zivilcourage menschlich stark beeindruckt haben. Solche kurzen Videobeispiele nutze ich gerne, um das Thema „Mut und Courage" anzustoßen und ein Gespräch darauf zu bringen, wofür wir uns ein Herz nehmen können (und manchmal auch sollten). Ich habe diese Seiten auf meinem Laptop unter den Favoriten gespeichert, sodass ich situativ gut gerüstet bin für solche agilen Interventionen. Um vom Internet notfalls auch unabhängig zu sein, lade ich mir Dateien gelegentlich runter. Bitte achten Sie aber bei der Verwendung von Audio- und Bilddateien immer auf die Urheber- und Nutzungsrechte.

Die „Kindheitshelden" bieten sich für die Gestaltung einer Heldenreise an. Darunter versteht man eine typische Situationsabfolge innerhalb einer Erzählung, wie sie in nahezu allen Filmen und Romanen auftaucht. Unter dem Stichwort „Heldenreise" finden Sie im Internet jede Menge Informationen. Es gibt auch spannende Bücher dazu, z. B. „Die Heldenreise. Auf dem Weg zur Selbstentdeckung" von Stephen Gilligan und Robert Dilts (siehe Literaturliste). Die Entwicklung einer Heldenreise nimmt einige Zeit in Anspruch. Sie mal eben so in den laufenden Prozess einzubauen scheint mir daher schwierig. Doch weil ich Sie zum Experimentieren einladen möchte, drücke ich mich hier eher vorsichtig aus. Vielleicht entwerfen Sie ja ein kurzes, knackiges Heldenformat, um die „Kindheitshelden" innerhalb Ihrer Heldenreise mit Leben zu erwecken.

Weitere Einsatzmöglichkeiten

Oft genug sitzen ja Helden bereits im Seminarraum. Das sind Menschen, die schon große oder kleine Herausforderungen gemeistert, eigene Probleme gelöst oder anderen Menschen zur Seite gestanden haben, damit diese wieder Tritt fassen konnten. Um an die persönlichen Ressourcen der Teilnehmer anzuknüpfen, können Sie die Methode auch unter dem Titel „Alltagshelden" laufen lassen und mit Fragen wie diesen einleiten: Wer hat eine ähnliche Situation schon einmal gemeistert? Wer ist schon mal über sich selbst hinausgewachsen? Wer hat schon mal gedacht, etwas nicht zu können, und wurde dann eines Besseren belehrt? Wer hat sich schon einmal mutig seiner Angst gestellt?

Im Vorfeld des Seminars können Sie die Teilnehmer damit beauftragen, nach Heldengeschichten zu recherchieren, die Impulse zum Seminarthema liefern. Es gibt inzwischen eine Fülle an Kurzgeschichten, die im Rahmen von „Storytelling" Einzug

---

4 ↗ http://www.bpb.de/veranstaltungen/zielgruppe/jugend/zeit-fuer-helden/ (Stand 8.2018)

ins Seminargeschehen, ins Coaching und Training gehalten haben. Lassen Sie, über den Tag verteilt, jeden „seine" ausgewählte Geschichte vorlesen. Je nach Zeitbudget lassen Sie die Heldengeschichten einfach so stehen oder Sie sprechen mit der Gruppe darüber, welche Aussagen zum Thema darin stecken. Bei mehrteiligen Seminaren können Sie diesen Arbeitsauftrag auch zwischen den Blöcken verteilen.

Technische Hinweise

Gruppengröße: fünf Teilnehmer und mehr

Material: keine

Dauer: ca. 10–15 Minuten

Vorbereitung: keine

Meine ganz eigenen Ideen zur Methode

_____
_____
_____
_____
_____
_____
_____
_____
_____
_____
_____
_____
_____

2.49 Eigenlob stimmt

Den Glauben an sich selbst stärken

Ziel

„Ob du denkst, du kannst es oder du kannst es nicht: Du wirst auf jeden Fall recht behalten." Dieses bekannte Zitat von Henry Ford sagt eine Menge darüber aus, was der Glaube an die eigenen Fähigkeiten (oder Unfähigkeiten) in uns bewirkt. Die Übung unterstützt dabei, dieses Selbstzutrauen auf- oder auszubauen, indem blockierende Glaubenssätze und mit ihnen verbundene hemmende Autosuggestionen entmachtet werden. Der defizitorientierte Blick wird durch eine starke Ressourcenorientierung ersetzt.

Meine Idee dahinter / Ablauf

„Eigenlob stinkt" war einer der gewichtigen Glaubenssätze, den ich in meiner Kindheit oft gehört habe. Nicht nur meine Eltern hatten ein gespaltenes Verhältnis zur „Selbstdarstellung", auch meine Lehrer und die meisten anderen Erwachsenen, an die ich mich erinnern kann, setzten Eigenlob mit Prahlerei gleich. Sicher, wie bei fast allem gibt es auch beim Eigenlob ein Zuviel des Guten. Aber ich finde, eine gute Portion Stolz auf sich selbst festigt nicht nur den Selbstwert, sondern trägt auch eine gute Portion zur Resilienz bei.

Die Frage, „Wie haben Sie es denn geschafft, diese Last bisher überhaupt zu bewältigen?", knüpft bereits an die Fähigkeiten des Klienten an. Im Einzelcoaching stelle ich diese Frage sehr regelmäßig, um eine Verbindung zu den positiven und selbstwirksamen Momenten zu schaffen. Im Seminar, wo es für die Frage nach den Fähigkeiten ein größeres Publikum gibt, kann schnell das Gefühl der Scham aufkommen, sich selbst „über den grünen Klee" zu loben. Und genau diese Publikumsatmosphäre nutze ich: Der Protagonist setzt sich nicht nur mit seinen eigenen Möglichkeiten und Kompetenzen auseinander und stellt diese in ein gutes Licht, er „springt auch über seinen eigenen Schatten", indem er den anderen sein Eigenlob zumutet. Und genau darum geht es: um Zumutung und nicht um Entmutigung. Die Seminarteilnehmer muten sich und den anderen Anwesenden etwas zu, und daher beglückwünschen sie sich zu ihren bereits vorhandenen Fähigkeiten.

Meistens leite ich die Übung mit ein paar rahmenden Worten an: „Ich merke, dass in euch ganz schön viel an Kompetenz steckt. Leider sind wir es gewohnt, eher über unsere Unfähigkeiten zu sprechen als über unser Können. Das kennen womöglich viele von euch aus dem Berufsleben. Noch immer werden eher Schwächen diskutiert als vorhandene Stärken ausgebaut. Ich lade euch nun ein, eure Fähigkeiten zu betonen. Und zwar nicht im stillen Kämmerlein, sondern vor großem Publikum."

Je nach Anzahl der Teilnehmer gehe ich nun unterschiedlich vor. Arbeite ich mit einer kleinen Gruppe von fünf oder sechs Personen, notiert jeder für sich alleine drei bis fünf Kompetenzen, die er bereits hat. Es ist nicht ganz so wichtig, dass diese in jedem Fall unmittelbar zum Problem oder zum Thema passen. Oft werden dahinter liegende Fähigkeiten erst auf den zweiten Blick deutlich. Ein Teilnehmer, der gut und gerne Fußball spielt, bringt womöglich die Kompetenz mit, sich diesen zeitlichen Freiraum zu nehmen sowie die Disziplin, „am Ball zu bleiben".

Bei größeren Gruppen starte ich zuerst mit dieser Einzelarbeit, dann lasse ich Dreiergruppen bilden. In diesen Runden werden die bereits erwähnten Kompetenzen nochmal vertieft und Vermutungen über weitere Fähigkeiten angestellt. Ermuntern Sie also unbedingt zum Spekulieren und Unterstellen. Es braucht durchaus etwas Überwindung, dieses Lob von anderen anzunehmen und zum Eigenlob auszubauen.

Danach nutze ich die Requisiten aus der Methode „Das rote Sofa" (2.29) oder den Thron von „König Kakatete" (Seite 184). Eine auffallende, „rühmliche" Sitzgelegenheit unterstreicht nämlich die Bedeutung der Persönlichkeit und deren Aussagen. Damit die Teilnehmer ein Gefühl dafür bekommen, wie so eine Eigenlob-Selbstdarstellung aussehen kann, lege ich in den meisten Fällen vor – es sei denn, es gibt jemanden im Publikum, der unbedingt die Vorlage liefern möchte. Eigenlober soll es ja gelegentlich geben – und hier erhalten sie sogar eine besondere Bühne.

Ganz wichtig ist, dass das Publikum das Eigenlob jeweils mit einem kräftigen Applaus bestätigt. Bieten Sie auch hier Starthilfe, indem Sie kräftig mit applaudieren und durch Zurufe die Stimmung zusätzlich aufheizen. Wenn klar ist, was erlaubt ist, geht das rasch von ganz alleine. Unterschätzen Sie nicht den Spaßfaktor dieser Übung und vor allem nicht die Kompetenz, sich auch einmal zum Beschreiten ungewöhnlicher Pfade zu überwinden.

Eine anschließende Reflexion der Übung ist besonders hilfreich und wichtig. Oft werden durch die Rückbetrachtung nämlich zusätzliche Kompetenzen erkannt: Spontaneität, Kreativität, Mut, Bescheidenheit und, und, und ...

Spielräume

Im Zusammenhang mit dem Thema Motivation wird Lob ja nicht ganz unkritisch gesehen. Wer lobt, so heißt es gelegentlich, schafft automatisch eine Hierarchie. Gelobt wird von oben nach unten. Der Vorgesetzte weiß es besser und bringt durch Lob zum Ausdruck, dass der Mitarbeiter seinen Erwartungen entspricht. Manche vertreten die Meinung, dass man auf Lob besser ganz verzichten sollte und besser regelmäßig Feedback gibt.

Wenn es die Zeit erlaubt, kann eine Diskussion über Eigen- und Fremdlob sehr spannend sein. Außerdem wird dann vielleicht deutlich, wer sich über ein gelegentliches Lob freut oder wer ein „chronisches Lob-Defizit" verspürt.

Wie auch immer Sie zum Thema Lob stehen, Sie können die Methode auch abändern in „Fremdlob stimmt". Warum sich nicht mal rühmen lassen und die Anerkennung genießen? Lassen Sie dazu wieder einen ersten Freiwilligen auf dem roten Sofa Platz nehmen. Dieser hat nun die Aufgabe, sich voll und ganz dem Lobgesang des Publikums hinzugeben und die Äußerungen wirken zu lassen: Ist das für ihn ein Genuss oder ein schamvolles Aushalten? In der anschließenden Reflexion können Sie diese und weitere Fragen aufgreifen: Was hat dich überrascht? Was nimmst du selbst eher als Schwäche denn als Stärke wahr? (Hier kann auch ein Gespräch über die Aussage erfolgen: „Eine Schwäche ist eine übertriebene Stärke.")

Eine sehr lustige Variante, die ich gerne kurz vor oder nach einer Pause einbaue, ist das „Fishing for Compliments". Jeder Teilnehmer ist dazu eingeladen, der Gruppe etwas zu präsentieren, das er besonders gut kann: ein Kunststück vollführen, eine Geschichte erzählen, ein Lied singen, Fratzen schneiden oder etwas zeichnen ... Was er tut, ist ganz egal. Hauptsache, das Publikum ist begeistert und lobt den Protagonisten für seine „außerordentlichen" Fähigkeiten.

 ### Weitere Einsatzmöglichkeiten

Im Buch „Lösungsorientierte Supervisions-Tools" von Heidi Neumann-Wirsig stellt Annette Conrad das Tool „Wertschätzung" vor. Dazu werden dem Team eine Anzahl an Lobkärtchen präsentiert mit Aufschriften wie „Respekt", „Alle Achtung" oder „Ausgezeichnet!". Die Teilnehmer sind eingeladen, einander Komplimente zu machen und sich jeweils mit einer ausgewählten Karte an einen Kollegen zu wenden. Ich setze diese schöne Übung nicht nur in der Supervision ein, sondern auch in meinen Seminaren. Bei miteinander vertrauten Teilnehmern (z. B. eine Abteilung) mache ich das schon sehr früh, bei neuen Gruppen nach der Kennenlernphase und ersten gemeinsamen Übungserfahrungen.

Aufbauend auf dem Spruch „Eine Schwäche ist eine übertriebene Stärke" können Sie das Pferd auch von hinten aufzäumen. Lassen Sie die Teilnehmer Erinnerungen zusammentragen, als sie Kritik erfahren haben. Welche übertriebene Stärke steckte darin? Mir kam die Idee zu dieser Übung während einer Reise durch Istrien. Dieser Landstrich ist bekannt für seine guten Trüffel. Der Pilz wächst versteckt im Boden und wird durch speziell dafür abgerichtete Schweine oder Hunde aufgespürt. Auf den ersten Blick sieht man also nicht, was sich da Gutes vor einem befindet. Daher nenne ich diese Methode auch „Trüffel suchen". Vielen Menschen fällt es deutlich leichter, sich selbst zu kritisieren oder Kritik einzustecken, als sich selbst zu loben oder Lob zu genießen. Drehen Sie den Spieß einfach mal um: Suchen Sie kostbare Trüffel!

Technische Hinweise

Gruppengröße: sechs Teilnehmer und mehr
Material: Stuhl, roter Stoff
Dauer: ca. 15–20 Minuten
Vorbereitung: Sofa / Thron herrichten

Meine ganz eigenen Ideen zur Methode

_____
_____
_____
_____
_____
_____
_____
_____

2.50 Dunkle Zeiten, goldene Zeiten

Das Alte würdigen, bevor das Neue begrüßt wird

Ziel

In Veränderungsprozessen gibt es eine Zeit davor, eine Zeit dazwischen und eine Zeit danach. Das Alte ist noch nicht ganz abgeschlossen, aber die Veränderung greift auch noch nicht. Manche Menschen erleben diese Dazwischen-Zeit als Phase der Orientierungslosigkeit. Hier unterstützt die Seminarmethode dabei, den Blick auf den kompletten Prozess zu schärfen, um wieder mehr Klarheit zu bekommen. Gleichzeitig werden die Vor- und Nachteile der „dunklen" und der „goldenen" Zeiten einander gegenübergestellt. Das ermöglicht eine differenziertere Wahrnehmung und visualisiert zugleich, welchen „Preis" man jeweils für die Veränderung zahlt.

Meine Idee dahinter / Ablauf

Mit meinen Klienten ziehe ich regelmäßig eine „Vorher-Nachher-Bilanz", wenn eine Entscheidungshilfe vonnöten ist. Dahinter steht der Gedanke, dass jede Veränderung auch ihren „Preis" hat: Die Vorteile des „Alten" gehen verloren (in der Psychotherapie auch „sekundärer Krankheitsgewinn" genannt), die Nachteile des „Neuen" sind in Kauf zu nehmen. Durch das Herausarbeiten der jeweiligen Vor- und Nachteile und das begleitende Visualisieren entwickelt der Klient einen umfassenden Überblick und eine fundierte Entscheidungshilfe.

Auch diese Methode lässt sich leicht für die Arbeit im Seminargeschehen anpassen. Dazu visualisiere ich mit Dekostoffen die Bereiche „dunkle Zeiten" (die als problematisch erlebte Vergangenheit) und „goldene Zeit" (die mit Hoffnung verbundene Zukunft). Wenn ich die Gruppe zu dieser Übung einlade, leite ich durch eine Art „Zeitreise" diese beiden Welten ein: „Sie kommen aus einer Zeit, in der Sie sehr unterschiedliche Erfahrungen gemacht haben. Einige davon erlebten Sie als schwierig, problematisch oder belastend. Wichtig ist nicht, ob die Umstände objektiv schwierig waren, sondern wie Sie die Situation erlebt haben. Problemerleben ist immer eine

Frage des Blickwinkels, sonst hätten alle Menschen die gleichen Probleme. Aus systemischer Sicht werden Probleme von allen Beteiligten aufgebaut und aufrechterhalten. Dabei hat jeder für sich gute Gründe, warum er sich so und nicht anders verhält. So handeln zu ‚müssen', scheint vorteilhaft, sieht es doch wie eine notwendige Reaktion aus. Man spricht hier von Kausalität. Das sind auch in der ‚goldenen Zeit', der Zukunft, die Regeln der Wirklichkeitskonstruktion. Sie haben hohe Erwartungen an die Verbesserung, aber es sind auch Risiken damit verbunden, nicht zuletzt ein erhöhter Energieaufwand. In beiden Zeitdimensionen gibt es also eine Art Gewinn- und-Verlust-Rechnung. Dazu möchte ich Sie nun einladen …"

Ich lasse dann die Teilnehmer Argumente zusammentragen und fange mit der Vergangenheit an („Es bleibt"). Ich folge so der vertrauten Timeline „Vergangenheit – Gegenwart – Zukunft". Um Suchprozesse nicht auszubremsen, können sowohl Pro- als auch Kontra-Argumente genannt werden. Der Wortmelder schreibt seine Inhalte auf eine Metaplankarte und legt sie auf den schwarzen Stoff. Analog verfahre ich mit der Seite der „goldenen Zeit". Allerdings gönne ich der Gruppe vor dem Seitenwechsel einen Moment des Innehaltens. Zu erkennen, dass die Vergangenheit nicht nur Nachteile, sondern auch attraktive Facetten hatte, ist sehr aufschlussreich. Wenn Gespräche zum mehr oder minder großen Nutzen aus der Vergangenheit aufkommen, lasse ich diese zu. Daraus ergeben sich nämlich oft weitere Argumente dafür oder dagegen.

Auf der Seite der „goldenen Zeit" ist die Gruppe meistens schon gut im Arbeitsrhythmus. Die Nachteile der Vergangenheit sind oft die erwarteten Vorteile der Zukunft, und was früher ein Gewinn war, scheint in der Zukunft verloren zu gehen, also zum Nachteil zu werden. Auch am Ende der zweiten Stoffsammlung gebe ich wieder ausreichend Zeit, um die Ergebnisse wirken zu lassen. Oft höre ich den Kommentar: „Es ist gut, das mal so alles vor sich zusehen. Es spielt doch viel mehr eine Rolle, als es auf den ersten Blick scheint." Gerade die Visualisierung und die optische Trennung der beiden Zeitfenster in Schwarz und Gold unterstützen die Reflexion. Manchmal scheint die Zukunft gar nicht mehr so „golden" und die Vergangenheit nicht mehr so „düster". Zweck der Übung ist ja auch, das Vergangene wertzuschätzen. Weder die Wirkungen noch die Aktivitäten waren „nur" schlecht oder problematisch. Dieser Eindruck entsteht leicht, wenn zum Beispiel in Change-Prozessen zu schnell der Fokus auf die „blühenden Landschaften" gelenkt wird und sich die Mitarbeiter fragen, ob sie denn in der Vergangenheit nur Mist gemacht haben. Dadurch geht Veränderungsmotivation verloren.

Im Anschluss an die Übung kann daran gearbeitet werden, wie sich mögliche Nachteile der Zukunft vermeiden oder minimieren lassen. Außerdem lohnt es sich, über Strategien nachzudenken, wie man die Vorteile der Vergangenheit durch eine adäquate Weiterentwicklung des Systems sicherstellen kann.

Spielräume

Die Anzahl der Argumente sagt nicht unbedingt etwas über deren Gewichtung aus. Es kann durchaus sein, dass die Vorteile der Vergangenheit zahlenmäßig überwiegen, aber ihre Nachteile derart gewichtig sind, dass eine Änderung in der Zukunft unausweichlich scheint. Es kann daher sinnvoll sein, die gesammelten Pros und Kontras anschließend noch gewichten zu lassen, z. B. durch eine Skalierung von 1 (ganz geringe Bedeutung) bis 10 (sehr hohe Bedeutung). Die Skalenwerte notiere ich in Rot rechts unten auf den Karten. Dadurch wird noch deutlicher, wo die besonderen Schwerpunkte liegen, was unbedingt im Auge behalten werden muss und was vernachlässigt werden kann. Wenn alle Karten eine rote Zahl erhalten haben, sortieren wir die Karten der Reihe nach von großen Werten abwärts zu kleinen Werten. So entsteht eine Wertehierarchie.

Zum Sammeln der Vor- und Nachteile können Sie die Gruppe auch in zwei Hälften teilen, zum Beispiel in die „Nörgler" und die „Schönfärber" oder in die „Gearschten" und die „Nutznießer". Seien Sie ruhig mutig und kreativ bei der Namensfindung, denn das fördert den Spaß, mit dem Ihre Teilnehmer an die Arbeit gehen. Oft kommen auch eigene Titelvorschläge aus der Gruppe, die noch viel besser zum System passen.

Der Titel „Dunkle Zeiten, goldene Zeiten" erinnert nicht zufällig an die Endlos-Soap „Gute Zeiten – schlechte Zeiten". Diesen Titel könnten Sie für eine Veränderung des Formats aufgreifen: Lassen Sie die Gruppe herausarbeiten, was mal „gut" lief. Was ist auf der Strecke geblieben und sollte wiederbelebt werden? Was ist zu sehr in den Hintergrund getreten und verdient neue Aufmerksamkeit? In solchen Momenten fangen die Teilnehmer an, alte Geschichten „aus der guten alten Zeit" zu erzählen. Doch auch die „schlechten Zeiten" sollen Berücksichtigung finden. Unterstützen Sie deshalb Ihre Teilnehmer, dass auch diese Geschichten erzählt werden. Sonst besteht die Gefahr, dass „früher alles besser war" und irgendwie ja gar keine Veränderungsnotwendigkeit besteht. Immerhin: Wenn eine Gruppe nach der Übung zu dem Schluss kommt, alles (vorerst) zu belassen wie es war, dann ist das ja auch ein Ergebnis.

Weitere Einsatzmöglichkeiten

Die Methode ist für mich ein Allrounder, weil sie sich für so unterschiedliche Settings eignet. Immer wieder geht es um Entscheidungshilfen, ob im Einzelcoaching, in Seminaren oder auch in der Supervision. Die Methode unterstützt meine agile Haltung, sehr spontan und adäquat reagieren zu können. Oft ist es wirklich eine optisch ansprechende Struktur der (bereits bewussten) Inhalte, die den ausschlaggebenden Aha-Effekt liefert. Ich nutze die Methode daher auch zur Selbstreflexion und zur Entscheidungsplanung, weil sie relativ gut ohne Begleitung machbar ist.

In der Problemexploration nutze ich die beiden Zeitfenster auch mal ganz anders. Der Klient hält auf Metaplankarten jeweils die „Störfaktoren" fest und legt sie auf den schwarzen Stoff. Dann notiert er seine Zielvorstellung(en) und legt sie auf den goldenen Stoff. Nach einem Moment des Innehaltens stehe ich auf und tausche die Karten: Was ist, wenn das Problem zur Lösung wird und die Lösung zum Problem? In einer Teamsupervision definierte der Supervisand das Ziel, seinen Klienten (bisher das schwarze Schaf in der Familie) zu einem gleichberechtigten, akzeptierten Mitglied im Familiensystem zu begleiten. Durch das Tauschen der Karten änderte sich das Ziel zu einer einzigartigen, unvergleichbaren Persönlichkeitsentwicklung des Klienten, der lernt, seinen eigenen Platz zu finden, und sich aus Abhängigkeiten löst. Das Ergebnis war für den Supervisanden sehr aufschlussreich.

Technische Hinweise

Gruppengröße: sechs Teilnehmer und mehr
Material: schwarzer und goldener Stoff, Metaplankarten, Stifte
Dauer: ca. 20–30 Minuten
Vorbereitung: Zeitfenster dekorieren, Überschriften anfertigen

Meine ganz eigenen Ideen zur Methode

_____
_____
_____
_____
_____
_____
_____
_____

2.51 Am laufenden Band

Zusammenhänge sichtbar machen und Seminarinhalte in Symbolen visuell verankern

Ziel

In Seminaren, besonders in mehrtägigen, ist oft das Angebot an verwertbaren Erfahrungen sehr groß. Ich vermeide bewusst, von einer großen Informationsdichte zu sprechen, denn ich bin kein Freund inhaltlich überladener Veranstaltungen, sondern folge eher dem Prinzip der Reduktion. Diese Methode hat zum Ziel, den Teilnehmern durch Symbole aus dem zurückliegenden Arbeitsprozess den „Seminar-Film" nochmal in Erinnerung zu rufen, den roten Faden erneut zu verdeutlichen und die erarbeiteten Inhalte visuell zu verankern.

Meine Idee dahinter / Ablauf

Die Idee ist nicht neu, genauer gesagt stammt sie bereits aus den 1970er-Jahren und wurde inspiriert von Rudi Carrell. Mit seiner Unterhaltungsshow „Am laufenden Band" prägte er eine ganze Generation. Der spannendste Moment: Am Ende der Show wurden den Gewinnern die Preise „am laufenden Band" präsentiert. Sie mussten sich möglichst viele Dinge merken, um ihren Präsentkorb zu füllen. Mit einer Kaffeemaschine als Gewinn kann man wohl heute niemanden mehr hinter dem Ofen hervorlocken. Dass aber „am laufenden Band" Lern- und Erfahrungschancen im Seminar entstehen, die durch Symbole nachhaltiger in Erinnerung gehalten werden können, steht außer Frage. Daher kam ich auf die Idee, das Prinzip „am laufenden Band" als Zusammenfassung zu nutzen. Die Vorgehensweise ist schnell erklärt:

Anstatt einfach noch einmal verbal den Tag (oder die ganze Veranstaltung) zusammenzufassen, suche ich mir einzelne Gegenstände aus, die symbolhaft für die Inhalte stehen. Diese Arbeit verteile ich über den ganzen Prozess, entscheide also am Ende jeder Einheit, was gerade besonders „passend" für die Inhalte war. Es kommt mir nicht so sehr darauf an, dass das Objekt einen unmittelbaren Bezug zum Inhalt hat. Vielmehr muss es mir die Möglichkeit zu einer guten Geschichte zum Thema geben. Die Symbole inspirieren mich also auch zu einer spannenden Story. Im Übrigen bin ich davon überzeugt, dass die geschickte Verbindung von Symbol und passendem Storytelling am „merk-würdigsten" ist. So ging es in einem Deeskalationsseminar mit einer Gruppe von Pflegekräften auch um das Thema Stress. Dafür wählte ich einen Gummiring, den ich in der abschließenden Zusammenfassung in Anspannung und Entspannung brachte. Das Schöne bei solch einfachen Symbolen ist: Es gibt auch noch einen direkten „Mitnahme-Effekt". Wenn Sie ein paar Gummis übrighaben, können Sie diese als Impacts (dazu mehr in Kapitel 3) direkt mit auf den Weg geben.

Alle in einer Veranstaltung zusammengetragenen Gegenstände sammle ich an einem zentralen Ort. So habe ich eine schöne Übersicht, was wir schon alles gemacht haben. Gerade weil ich nicht mit einer starren Agenda arbeite und sehr agil im Prozess unterwegs bin, ist mir der rote Faden sehr wichtig. Sonst vergesse ich selbst vielleicht, was alles drankam, und werde von Teilnehmern an Inhalte erinnert.

Am Ende des Tages, des Blocks oder des Seminars resümiere ich mithilfe der zusammengetragenen Symbole und meiner kurzen Storys die Inhalte „am laufenden Band". Ich entscheide immer spontan, wie ich dabei vorgehe: Manchmal stelle ich alle Symbole in einer Reihe auf und gehe einfach von Objekt zu Objekt. Manchmal greife aber auch der Reihe nach Symbole aus meinem Fundus heraus und stelle sie dann eins nach dem anderen nebeneinander, sodass sich erst zum Ende die Sammlung ergibt.

Animieren Sie die Teilnehmer, die gesammelten Ergebnissen zu fotografieren. Fertige ich selbst ein Fotoprotokoll, dann ist das Ergebnis von „am laufenden Band" wesentlicher Bestandteil. Da ich mit dieser Methode eine Art inhaltlichen Schlusspunkt setze (zumindest für eine Arbeitseinheit), gibt es im Anschluss keine Diskussionen mehr, zum Beispiel über passendere Symbole oder andere Interpretationen. In Feedback- oder Abschlussrunden gibt es hingegen ausreichend Raum, eigene Schwerpunkte und die dazu passenden Bilder zu definieren. Unterstützen Sie Ihre Teilnehmer dabei, das Seminar mit individuellen Bildern und Geschichten in Verbindung zu bringen. Umso größer ist die emotionale Kopplung.

Spielräume

Sie können den Teilnehmer natürlich auch einzelne Objekte präsentieren und fragen, wofür dieses Symbol stehen könnte. Sie verzichten zwar ein Stück weit auf Ihre Story, aber Sie regen zur eigenen Erinnerung und Zusammenfassung an. Spielen Sie mit den Möglichkeiten und bleiben Sie variabel in den Abläufen, damit sich auch bei Ihnen keine Routine festsetzt.

Eine weitere schöne Variante habe ich von dem Spiel „Memory" übernommen. Dazu notiere ich auf große Blätter jeweils Stichworte aus dem Seminarverlauf und lege diese mit der Schrift nach unten auf den Boden. Jeder der Teilnehmer zieht nun ein Blatt und ruft sich und den anderen Teilnehmern in einer kurzen Zusammenfassung in Erinnerung, worum es bei diesem Stichwort ging. Natürlich sind Hilfestellungen durch die anderen Teilnehmer erlaubt. Sie können sogar noch einen Schritt weitergehen und die Begriffe jeweils in zwei Worthälften trennen. Nachdem jeder einen „halben" Begriff gezogen hat, finden sich die passenden Worthälften zusammen und stellen zusammenfassend das Thema nochmal kurz dar. Damit haben Sie nicht nur eine schöne Paar-Aufgabe gestellt, sondern auch noch eine kreative Methode der Paarfindung eingebracht.

Weitere Einsatzmöglichkeiten

Aus dem Stehgreiftheater kenne ich eine Übung, die ebenfalls „am laufenden Band" mit neuen Objekten operiert. Dem/den Protagonisten werden vom Publikum ständig neue Gegenstände in die Hand gedrückt, die spontan in die Geschichte eingebaut werden müssen. Wichtig ist, dass die Agierenden ausreichend Zeit bekommen, eine Story um den Gegenstand zu entwickeln. Manchmal ist das Publikum schneller als der Akteur, der dann mit einem Arm voller Objekte auf der Bühne steht und gar nicht mehr dazu kommt, Ideen zu entwickeln.

Die Übung ist sehr schön für Trainings in Kommunikation, Spontaneität, Kreativität, Aufmerksamkeit etc.

Technische Hinweise

Gruppengröße: sechs Teilnehmer und mehr

Material: diverse Gegenstände aus dem Seminarraum

Dauer: ca. 10 Minuten

Vorbereitung: Objekte über den Tag sammeln

Meine ganz eigenen Ideen zur Methode

_____

_____

_____

_____

_____

Agile Seminarmethoden · 209

2.52 Unsere Stimmung ist blau

Skalierungsarbeit mit ungewohnten Polaritäten

Ziel

Wenn Menschen Stellung beziehen, dann schwingt mitunter innerlich mit: „Stehe ich jetzt auf der richtigen Seite?" Die Übung soll dabei unterstützen, aus den Denkkategorien „richtig" und „falsch" bzw. „gut" oder „schlecht" auszusteigen und andere Bewertungsparameter heranzuziehen.

Meine Idee dahinter / Ablauf

Typische Skalierungsarbeiten bewegen sich zwischen konkreten Polen: ganz viel – ganz wenig, Osten – Westen, lange – kurz, direktiv – kooperativ usw. Wenn ich Teams darum bitte, sich zwischen zwei extremen Ausprägungen zu positionieren, um ein (Selbst-)Einschätzungsbild darzustellen, dann beobachte ich oft den Hang zur Mitte. Das „diplomatische Mittelfeld" scheint relativ unverfänglich, weil man ja mit beiden Seiten irgendwie argumentieren kann. Der Wasserkopf befindet sich bei Skalierungen von 1–10 meistens so bei der fünf bis sechs. Es gibt auch Teilnehmer, die warten erst mal ab, wohin sich die Mehrheit bewegt, um sich dann anzuschließen. Das hat zwar mit einer eigenen Position nichts zu tun, aber so wird die Angriffsfläche immerhin geringer: Die Masse bietet Schutz.

Ich gehe inzwischen dazu über, mit recht ungewöhnlichen Polen zu skalieren, um aus dieser „Mittelmäßigkeit" herauszukommen. Auch den „Hinterherläufern" beuge ich damit vor, zumindest einigermaßen.

In einem Teamcoaching fragte ich, wie die Kommunikation in der Abteilung erlebt würde: laut oder leise? Die Mitarbeiter waren anfangs etwas überfordert, weil nicht nach „gut" oder „schlecht" gefragt wurde. Was in der Kommunikation „laut" und „leise" bedeutet, ist sehr subjektiv und hier muss jeder für sich selbst entscheiden. Ist laut besser als leise? Oder umgekehrt? Ich liefere darauf keine Antwort, weil ich ja die Teilnehmer zur aktiven Auseinandersetzung mit dem Thema Kommunikation anregen möchte. Weil der Transfer etwas Zeit braucht, gebe ich auch den Moment, um sich zu positionieren. Dann ist jeder eingeladen sich mitzuteilen, warum er sich an einen bestimmten Platz gestellt hat und was „laut", „weniger laut" und „leise" für ihn bedeutet. Für einige mag „laut" gleichbedeutend mit eher schwierig und aggressiv sein, für andere mag es aber deutlich und durchsetzungsstark bedeuten. Offensichtlich wird: Man kann auf derselben Seite, aber mit völlig unterschiedlichen Bewertungen stehen – für mich der entscheidende Unterschied in dieser Übung.

In einer anderen Gruppe, in der es um Arbeitsbeziehungen ging, fragte ich nach der Ausprägung von Nähe und Distanz im Team. In den Gesprächen wurde schnell offensichtlich, wie unterschiedlich das Erleben von Nähe und Distanz bewertet wurde. Das Skalieren mit ungewöhnlichen Polaritäten schafft also einen weiteren Gesprächsrahmen, der mit bloßen Zahlenabfragen oder Stereotypen nicht möglich wäre. Die Teilnehmer begründen nicht nur ihre Position, sondern sie erklären auch, was der Standpunkt und die Pole für sie bedeuten. Ich erlebe das als äußerst aufschlussreich.

Weitere Fragen können zum Beispiel sein:
- Wie erlebt ihr die Unterstützung durch den Vorgesetzten: heiß oder kalt?
- Wie ist die Stimmung im Team: blau oder gelb?
- Wie schätzen Sie die Zusammenarbeit ein: glatt oder rau?
- Wie schätzen Sie Ihren Arbeitsstil ein: hell oder dunkel?

Erlauben Sie sich auch hier ungewöhnliche Verbindungen, die zuerst einmal zum Querdenken auffordern. Genau darum geht es ja: Die Teilnehmer sollen sich „einen eigenen Reim" darauf machen, damit es zu keinen „Kopiervorlagen" kommt.

Spielräume

Die Übung „Unsere Stimmung ist blau" erlaubt eine gute Verbindung zum „Wertequadrat-Modell" von Friedemann Schulz von Thun. (Sie finden unter diesem Begriff jede Menge Informationen im Internet.) Fast immer geht es bei Problemen oder Konflikten um unterschiedliche Bewertungen. Die Kombination aus Skalierungsabfrage und Wertequadrat schafft einen guten Rahmen für die Arbeit an Werten, Bewertungen und Meinungsverschiedenheiten. Sie können die Teilnehmer auch mal auf der Skala verrücken und fragen, was sie an ihrem Denken verändern müssten, um sich auf dieser neuen Position gut aufgehoben zu fühlen. Oder Sie fragen: Was müsste passieren, dass Sie von Ihrer bisherigen Stelle auf diese neue Stelle wechseln würden? Was hat dazu geführt, dass Sie sich heute hier an dieser Stelle sehen? Wie könnten für Sie die Pole anders lauten, damit das Thema (das Problem, der Konflikt) noch deutlicher abgebildet wird?

Weitere Einsatzmöglichkeiten

Skalierungsabfragen können Sie in allen Prozessphasen einsetzen, am Anfang zur ersten Lageeinschätzung, als Zwischenbild oder zum Resümee am Ende. Sie erlauben auf einfache Weise eine schnelle Abbildung der unterschiedlichen Wahrnehmungen und Bewertungen. Allerdings sollten Skalierungen, wie alle anderen Methoden, nicht inflationär eingesetzt werden. Ich selbst habe einmal an einer Veranstaltung teilgenommen, da haben wir eine ganze Stunde nichts anderes gemacht als nur skaliert, skaliert, skaliert. Fürchterlich.

Ich bin ein großer Freund davon, übliche Denkrahmen zu verlassen und neue, ungewöhnliche Bezüge herzustellen. So frage ich meine Klienten schon mal, welche Farbe ihr Problem hätte oder welche Farbe am besten zum Thema passt. Auch Töne können für eine ungewöhnliche Einschätzung neue Denkrichtungen öffnen. In einem Führungskräftetraining habe ich erfragt, welche Märchenfigur die einzelnen Anwesenden verkörpern würden. Oder als weitere Möglichkeit: Wenn Sie (oder Ihr Kollege) ein Fortbewegungsmittel wären, welches wäre das dann? Unterstützend dazu können Sie noch Bildkarten anbieten. Die Arbeit mit solchen Metaphern macht in der Regel allen Teilnehmern sehr viel Spaß. Ob Instrumentenvergleich, Geschmack oder Wetterlage – regen Sie zum Querdenken an, damit Ihre Teilnehmer eingefahrene Denkkategorien verlassen können.

Technische Hinweise

Gruppengröße: sechs Teilnehmer und mehr
Material: keins
Dauer: ca. 10–15 Minuten
Vorbereitung: keine

Meine ganz eigenen Ideen zur Methode

_____
_____
_____
_____
_____

Teil 3 | Am Ende geht es erst los!

Agile Seminarmethoden leben von der ständigen Weiterentwicklung. Unsere Teilnehmer, die Themen, die materiellen Möglichkeiten und natürlich auch die persönliche Entwicklung des Seminarleiters fordern ein ständiges Werkeln an den Werkzeugen. Dazu fällt mir die Geschichte vom beharrlichen Holzfäller ein, eine der vielen tollen Geschichten von Jorge Bucay:

Es war einmal ein Holzfäller, der bei einer Holzgesellschaft um Arbeit vorsprach. Das Gehalt war in Ordnung, die Arbeitsbedingungen verlockend, also wollte der Holzfäller einen guten Eindruck hinterlassen. Am ersten Tag meldete er sich beim Vorarbeiter, der ihm eine Axt gab und ihm einen bestimmten Bereich im Wald zuwies.

Begeistert machte sich der Holzfäller an die Arbeit. An einem einzigen Tag fällte er achtzehn Bäume. „Herzlichen Glückwunsch", sagte der Vorarbeiter. „Weiter so!"

Angestachelt von den Worten des Vorarbeiters, beschloss der Holzfäller, am nächsten Tag das Ergebnis seiner Arbeit noch zu übertreffen. Also legte er sich in dieser Nacht früh ins Bett. Am nächsten Morgen stand er vor allen anderen auf und ging in den Wald. Trotz aller Anstrengung gelang es ihm aber nicht, mehr als fünfzehn Bäume zu fällen. „Ich muss müde sein", dachte er, und beschloss, an diesem Tag gleich nach Sonnenuntergang schlafen zu gehen.

Im Morgengrauen erwachte er mit dem festen Entschluss, heute seine Marke von achtzehn Bäumen zu übertreffen. Er schaffte noch nicht einmal die Hälfte. Am nächsten Tag waren es nur sieben Bäume, und am übernächsten fünf, seinen letzten Tag verbrachte er fast vollständig damit, einen zweiten Baum zu fällen.

In Sorge darüber, was wohl der Vorarbeiter dazu sagen würde, trat der Holzfäller vor ihn hin, erzählte, was passiert war, und schwor Stein und Bein, dass er geschuftet habe bis zum Umfallen. Der Vorarbeiter fragte ihn: „Wann hast du denn deine Axt das letzte Mal geschärft?" „Die Axt schärfen? Dazu hatte ich keine Zeit, ich war zu sehr damit beschäftigt, Bäume zu fällen."

Schärfen Sie immer wieder Ihr Werkzeug, indem Sie nichts für „Standard" halten. Bleiben Sie agil, denn nur durch Sie werden auch Ihre Methoden zu einer agilen Größe: vom Mindset zum Tool-Set.

Zum Abschluss möchte ich Ihnen noch zwei Anregungen mit auf den Weg geben, um Ihre Lust an der eigenen Methodenentwicklung zu stimulieren. Sie werden beim

Lesen gemerkt haben, dass ich mich stark von Bildern und Sprüchen inspirieren lasse und daraus das Gerüst für meine Methoden ziehe. Ich kann fast sagen: „Am Anfang war der Spruch." Bei mir entstehen daraus neue Ideen für den Seminar- und Coachingprozess. Daher möchte ich Ihnen in den beiden folgenden Abschnitten noch ein paar Takte zu der Bedeutung von Metaphern und Impacts für meine Arbeit sagen. Mehr darüber, auch an praktischen Beispielen, erfahren Sie in meinen Seminaren zum Thema „Agile Seminarmethoden entwickeln".

3.1 Metaphern

„Im Trüben fischen", „Der Schlüssel zum Erfolg" oder „Stolpersteine": Alle diese Wortbilder eröffnen uns sofort einen erweiterten Zugang zu dem dahinter liegenden Thema. Und genau mit diesen Bildern experimentiere ich und versuche, einen sinnvollen Bezug herzustellen für die Nutzung im Seminar. Zuerst stelle ich mir dabei die Frage: Wie bringe ich das Bild möglichst greifbar in den Seminarraum? Welche Materialien brauche ich, und wie weit kann ich reduzieren, dass das Bild trotzdem erkennbar bleibt? Die Aufgabenstellungen, die ich mit den Metaphern verknüpfe, sind ja nicht grundsätzlich neu. Ideen auf eine Moderationskarte zu schreiben ist nun wirklich keine patentierfähige Innovation – aber der Rahmen macht es.

1. Sie könnten sagen: „Bitte schreiben Sie nun alle Ihre Fragen jeweils auf ein separates Blatt Papier und hängen Sie es an die Pinnwand."
2. Oder: „Ich möchte Sie zu einem kleinen Angelausflug einladen. Sie wissen, beim Angeln braucht es manchmal eine gute Portion Geduld, um endlich etwas Schmackhaftes am Köder zu haben. Auch bei der Suche nach Antworten oder Lösungen ist das manchmal so. Besonders dann, wenn nicht ganz klar ist, wonach man denn überhaupt sucht. Das hat schon etwas vom Fischen in trübem Gewässer. Ich habe hier so einen trüben Teich für Sie vorbereitet …"

Sie merken sicher den Unterschied zwischen Variante eins und zwei. Während bei der Einleitung zu eins der Arbeitsauftrag schon jegliche Lust im Keim erstickt, arbeite ich bei Variante zwei mit der Kraft der inneren Bilder. Sie können gar nicht anders, als sofort einen Teich in Ihrem Kopf entstehen zu lassen, bzw. in dem Stück blauen Stoff und dem Plüschfisch einen trüben Teich zu sehen. Es sind genau diese Bilder, über die wir eine emotionale Beteiligung herstellen und die Eindrücke als Bild verankern.

Wichtig ist mir, dass die bildhaften Inszenierungen leicht zu realisieren sind. Alle von mir verwendeten Materialien sind weder schwer, noch groß, noch kompliziert oder teuer. In den meisten Fällen greife ich sogar auf Gegenstände zurück, die der

Seminarraum oder die Natur vor dem Haus uns liefern. Da ich große Freude an der Inszenierung habe, pflege ich jedoch immer einen kleinen Requisitenkoffer mit mir zu führen. Zur Grundausstattung gehören dabei meine Verkleidung für „Horst Schredder" und „König Kakatete". Auch die farbigen Stoffbahnen sind universelle Genies, die ich immer wieder einsetze. Ob Teich, Wüste, Strand, Wiese, Straße, Sofa, Vorhang oder was auch immer: Farbige Stoffe sind für die schnelle Bühnengestaltung einfach genial. Auch Wäscheklammern sind für eine leichte Fixierung von Gegenständen (zum Beispiel das Aufhängen von Bildern) perfekt.

Probieren Sie es doch ganz einfach mal zu Hause aus. „Es ist noch kein Meister vom Himmel gefallen": Wie würden Sie diese Metapher mit ein paar vorhandenen Materialien inszenieren? Und wie können Sie nun eine agile Seminarmethode daraus machen, indem Sie mit dieser Metapher und der dazu passenden Inszenierung die Aufmerksamkeit der Teilnehmer erreichen? Lassen Sie vielleicht Meisterbriefe schreiben und hängen diese in den blauen Himmel? Oder lassen Sie die Teilnehmer ein „Meisterstück" inszenieren und bringen es auf die Bühne? (Blauer Boden mit Watte als Wolken am Bühnenrand). Ich fordere die Teilnehmer dazu auf, möglichst viele der Bilder und Bühneninszenierungen zu fotografieren und zu filmen. Manchmal macht es auch Sinn, die Aufgabe des Dokumentators in der Gruppe festzulegen, damit es nicht alle tun oder keiner.

Die Nutzung von diesen (Sprach-)Bildern hat zwei große Vorteile:
1. Sie sind visuell leicht festzuhalten und werden auch nach der Übung wiederholt abgerufen. Sie können beobachten, wie viel Spaß es den Leuten macht, sich anschließend auf dem Video nochmal selber zu sehen. Der Effekt: Lernen durch Wiederholung und eigene Betroffenheit.
2. Außerdem lassen sich durch die Metaphern die Inhalte auch leichter in Erinnerung behalten. Gerade in den Abschlussrunden finde ich es immer wieder verblüffend, wie viel von den Übungen durch die Metaphern noch in den Köpfen ist. Es ist eben deutlich leichter von „Am laufenden Band" zu sprechen als von der „kontinuierlichen Abfolge symbolhafter Gegenstände zur Zusammenfassung der Agenda". Probieren Sie es aus!

Hier noch ein paar Metaphern, mit denen Sie gleich mal anfangen können, Ihre Bühnenreife zu testen. Wie würden Sie die Bilder in den Seminarraum bringen?
- Das rohe Ei
- Schlange stehen
- Ein Buch mit sieben Siegeln
- Schwein gehabt!
- Der Drahtseilakt

Beim Titel „Schwein gehabt!" springt mir gerade mein rosa Plüsch-Schwein ins Auge, das ich mir bei einem großen, blauen Möbelhändler gekauft habe. Da fällt mir doch spontan schon wieder eine tolle Ressourcenübung dazu ein ...

3.2 Impact

„Es sind kreative Bilder, Symbole und Metaphern wie diese, die bleibenden Eindruck (= Impact) beim Klienten hinterlassen." Dieser Text steht auf der Klappe des Buches „Impact-Techniken für die Psychotherapie" von Danie Beaulieu. Die französische Psychologin hat die Arbeit mit Impact-Techniken in Deutschland bekannt gemacht und formuliert in ihrem Buch acht Grundprinzipien zur nachhaltigen Verankerung neuer Lernerfahrungen. Sie nennt dies „Spuren legen":

1. Wir lernen am besten unter Einsatz all unserer Sinne (multisensorisches Lernen).
2. Wir lernen besser an konkreten Beispielen als auf einem hohen Abstraktionsniveau.
3. Wir können die Alltagserfahrungen und das Wissen der Klienten nutzen.
4. Wir lernen leichter und nachhaltiger, wenn wir das Lernen mit Emotionen koppeln.
5. Wir können die Aufmerksamkeit der Klienten gewinnen, wenn wir sie neugierig machen.
6. Wir dürfen gemeinsam mit unseren Klienten Spaß in der Beratung haben.
7. Wir tun gut daran, die Dinge einfach zu machen.
8. Wir lernen durch Wiederholung und ohne Zwang.

Wenn Sie meine vorgestellten agilen Seminarmethoden noch einmal Revue passieren lassen, werden Sie feststellen, dass viele der genannten acht Grundprinzipien auch für meine Methoden gelten. „Nachhaltig beeindrucken" könnte der übergeordnete Titel für die Methoden sein, die ganz stark den Fokus auf die Kraft von Metaphern legen.

Aus vielen Anregungen können Sie eigene Impact-Techniken entwickeln. So macht es einen nachhaltigen Eindruck, wenn Sie zum Beispiel einen „Stolperstein" (in Form eines kleinen Pflastersteins) in ein Mitarbeitergespräch mitbringen, um über „Steine im Weg", Hürden oder Achtsamkeit zu sprechen.

Auch ein Kartenlesegerät oder ein Schlüssel bieten gute Möglichkeiten, um Botschaften zu transportieren. Der „übertragene Sinn" macht es den Teilnehmern oft wesentlich einfacher, eine neue Sichtweise als ebenso gültig zu akzeptieren. Bereichern Sie Ihre Seminare durch eine kleine, feine Auswahl an thematisch passenden

Impacts. Gerade vor oder nach einer agilen Seminarmethode können Sie die dort eingesetzten Materialien nutzen, um einen Impact zu gestalten.

Mit etwas Übung und einem guten Fundus an Impact-Ideen wird es Ihnen schließlich gelingen, auch aus der Situation heraus passend zu intervenieren. Das Entwickeln neuer Impact-Techniken macht eine Menge Spaß und wirkt ansteckend. Im Rahmen meiner Impact-Seminare entstehen immer ganze Sammlungen an tollen Ideen, sowohl für den beruflichen als auch für den privaten Bereich. Wenn Sie an dieser Arbeitsweise Interesse haben, werfen Sie einen Blick auf meinen Veranstaltungskalender. Weil ich so überzeugt und begeistert bin von dieser Technik, werde ich den Impacts ein eigenes Buch widmen. Bleiben Sie neugierig!

3.3 Agiles Mindset

Ich habe es im Buch mehrfach betont: Ohne eine agile Haltung des Seminarleiters kann auch keine Seminarmethode agil sein. Agilität setzt Beweglichkeit, Spontaneität und Kreativität voraus. Eine Methode an sich ist nur ein Grundgerüst, das in der Regel zum Ziel hat, Komplexität zu reduzieren. Trotzdem habe ich mich dafür entschieden, mein Buch „52 agile Seminarmethoden" zu nennen. Ich bemühe mich immer darum, durch einen möglichst einfachen Aufbau und durch eine Art „Modulbauweise" meine Methoden möglichst anpassungsfähig zu halten. Die Erfahrung hat mir gezeigt, dass es gerade die einfachen, reduzierten Übungen sind, die besonders intensive Wirkung entfalten. Das rührt sicherlich auch daher, dass ich mich bei dieser methodischen Reduktion als Seminarleiter nicht hinter irgendwelchen Spielekästen und seitenlangen Übungsanleitungen verstecken kann. Ich bleibe als Person deutlich sichtbar. Das wird ganz besonders dann hör- und augenfällig, wenn ich durch Storytelling die Methoden einleite und durch kraftvolle Bilder die Teilnehmer in neue Erfahrungswelten begleite. Letztlich geht es ja nicht um die Methode an sich, sondern um die Ankopplungsfähigkeit zwischen angebotenem Bild und innerem Referenzrahmen der Teilnehmer. Die Methoden sind kein Selbstzweck nach dem Motto: Je mehr ich davon unterbringe, umso deutlicher wird meine Methodenkompetenz.

Dieser Eindruck kann leicht entstehen, wenn ich mich, vielleicht als Berufseinsteiger, sehr eng an meine Agenda klammere und mehr das Programm als die Teilnehmer im Auge habe. Für mich ist der spielerische Umgang mit den verfügbaren Mitteln das „Salz in der Suppe" des Seminargeschehens. Und glauben Sie mir: Nicht alle meiner Experimente sind mit Erfolg gekrönt. Manchmal denke ich mir: „Darauf hättest du jetzt auch verzichten können", weil keine spürbare Wirkung entsteht. Manchmal entfaltet sich eine ganz andere Wirkung als die erwartete und ich passe meine Einsatzzwecke entsprechend an. Und was ich ganz toll finde, ist der Einfallsreichtum meiner Seminarteilnehmer: Ich danke jedem einzelnen, der durch viel Kreativität und konstruktive Kritik meine Methoden und Ideen verfeinert und weiterentwickelt hat. Ob in den Kreativworkshops zum Thema „Agile Seminarmethoden entwickeln" oder in jedem einzelnen anderen Seminar: Die Menschen, für die ich mir die Methoden ausgedacht habe, verfügen über gute Antennen dafür, ob etwas „funkt" oder im Nirwana verschwindet.

Wenn mein Buch Ihnen als Arbeitsbuch dient und Sie nun über einen reichen Ideenfundus mit eigenen Impulsen verfügen, dann öffnen Sie mir doch bitte die Tür in Ihren Kreativraum. Ich freue mich sehr über Ihre Anregungen, Weiterentwicklungen, ganz neue Ideen und auch über Kritik. Durch mein Buch möchte ich meine Freude an der Seminararbeit weitergeben und Sie mit der agilen Denkhaltung „infizieren". Vielleicht haben wir ja gemeinsam die hundertste agile Seminarmethode schnell erreicht und schaffen dadurch noch mehr Handlungsoptionen – eines der übergeordneten Ziele von Coaching.

Anhang

Workshop „Agile Seminarmethoden designen"

Es gibt inzwischen eine Fülle an Tool- und Methodensammlungen für nahezu jeden Bedarf: für Coaching, Training, Seminar, Moderation, Supervision, Therapie usw. Und auch mein Bücherregal ist gut bestückt mit entsprechender Literatur. Der Einblick in die Arbeitsweise meiner Kolleginnen und Kollegen ist für mich eine große Bereicherung. Ich finde es toll, wie unterschiedlich wir arbeiten und so viele Menschen auf ganz unterschiedliche Art begleiten dürfen. Außerdem ist mir der Blick nach links und rechts auf fremde Spielfelder eine wichtige Reflexionshilfe, um nicht in meinem eigenen Saft zu schmoren. Wie in jedem anderen Beruf gibt es auch bei mir eine gewisse methodische oder stilistische Betriebsblindheit. Daher ist mir der kontinuierliche Austausch mit Kollegen sehr wichtig.

Eine Möglichkeit dazu sind meine Seminare, die ich begleitend zu diesem Buch meinen Kolleginnen und Kollegen anbiete. Wir regen unsere Teilnehmer in Coachings und Seminaren ja auch zur Kreativität an. Sie können dort Dinge ausprobieren, die sie vorher noch nicht ausprobiert haben, um zu Ergebnissen zu kommen, die sie vorher noch nicht erzielt haben. Also dann: Mit gutem Beispiel voran! Es lebe zwar die (Methoden-)Konserve, aber frisch gekocht schmeckt's immer noch am besten.

Kreative, agile Seminarmethoden kann jeder designen. Sie kennen womöglich die Reaktionen von Klienten: „Ach Gott, ich kann ja überhaupt nicht malen", wenn es um kreative Coaching-Interventionen geht. Tappen Sie nicht auch in diese „Ich-kann-nicht"-Falle. Sie können sich mitteilen, Sie können zuhören, Sie können abstrahieren, Sie verwenden sowieso permanent Wortbilder, Sie können Geschichten erzählen (was Sie den ganzen Tag tun, ohne es so zu nennen). Entscheiden Sie sich, Ihr eigener Methoden-Designer zu werden.

Folgende Themen gehören zu den Workshops:
- Das Mindset des Seminarleiters
- Was braucht die Gruppe?
- Ankopplungsfähige (Sprach-)Bilder identifizieren
- Ziel(e) der Methode definieren
- Didaktische Aufbereitung des Ablaufs
- Auswahl geeigneter Arbeitsmaterialien
- Transferhilfen anbieten und praktische Relevanz herausarbeiten
- Evaluation

Dabei lassen wir uns von drei Grundprinzipien leiten: Konnotation, Konzentration und Reduktion. Unter Konnotation verstehe ich die Bedeutungsgebung und das Betonen ganz bestimmter Wahrnehmungen. Ich möchte Sie dazu einladen, Selbstverständliches und Alltägliches mit anderen Augen zu sehen, neu zu entdecken und für den Seminarprozess nutzbar zu machen. Durch die Konzentration auf das Wesentliche vermeiden wir komplexe Abläufe und behalten ein klares Ziel vor Augen. Und die Reduktion der eingesetzten Mittel erlaubt uns eine spontane und nicht zuletzt kostengünstige Arbeitsweise.

Brauchen Sie noch mehr gute Gründe, um sich für die agile Seminararbeit zu begeistern? Ich freue mich sehr, wenn wir uns bei Gelegenheit persönlich kennenlernen.

Literatur

Abram, Antje (2017): *Imaginationen.* Paderborn: Junfermann.
Rachow, Axel (2002). *Spielbar II.* Bonn: managerSeminare.
Anderson-Krug, Evi (2017): *Einfach improvisiert.* Paderborn: Junfermann.
Bahlow, Jörg (2018): *Agile Teams.* Göttingen. Business Village.
Berne, Eric (2002): *Spiele der Erwachsenen.* Reinbek: Rowohlt.
Betz, Robert (2011): *Willst du normal sein oder glücklich?* München: Heyne.
Friebe, Jörg (2016): *Reflektierbar.* Bonn: managerSeminare.
Funcke, Amelie (2016): *Was ist eigentlich Ihre Lieblingsfrage?* Bonn: managerSeminare.
Gilligan, Stephen & Dilts, Robert (2013): *Die Heldenreise. Auf dem Weg zur Selbstentdeckung.* Paderborn: Junfermann.
Hess, Hans (2017): *Erzählbar II.* Bonn: managerSeminare.
Hildmann, Jule (2017): *simple things – einfach wirkungsvoll.* München: Reinhardt.
Höfner, E. Noni (2012): *Glauben Sie ja nicht, wer Sie sind!* Heidelberg: Carl-Auer Verlag.
Huber, Hans-Georg (2018): *Die Kunst, Entwicklungsprozesse zu gestalten.* Bonn: managerSeminare.
Kühling, Ludger (2015): *Das Problem, der Spruch, die Lösung.* Göttingen: Vandenhoeck & Ruprecht.
Lempart, Horst (2013): Die Geschichte von König Burger. *Kommunikation & Seminar 1,* S. 26 ff.
Lempart, Horst (2016): *Das hab' ich alles schon probiert.* Paderborn: Junfermann.
Lindemann, Holger (2014): *Die große Metaphern-Schatzkiste.* Göttingen. Vandenhoeck & Ruprecht.
Little, Brian (2015): *Mein Ich, die anderen und wir.* Heidelberg: Springer.
Neumann-Wirsig, Heidi (2016). *Lösungsorientierte Supervisions-Tools.* Bonn: managerSeminare.
Scheller, Torsten (2017): *Auf dem Weg zur agilen Organisation.* München: Verlag Franz Vahlen.
Schmidt-Tanger, Martina & Stahl, Thies (2005): *ChangeTalk.* Paderborn: Junfermann.
Stahl, Stefanie (2015): *Das Kind in die muss Heimat finden.* München: Kailash.
Tracht, Charlotte (2006): *Mut zur Improvisation!* München: HCD Verlag.
Truchsess, Nicole (2018): Was spukt denn da rum? *managerSeminare 7,* S. 56–63.

Horst Lempart, der Persönlichkeitsstörer

Wenn ich als Coach, Supervisor oder Seminarleiter unterwegs bin, werden in mir zwei Persönlichkeitsanteile besonders lebendig: der Persönlichkeitsstörer und der Welt-Modellierer.

Da es so wunderbar menschlich ist, dass sich jeder von uns permanent seine eigene Welt konstruiert, bastle ich an dieser Baustelle kräftig mit. Mein liebstes Werkzeug ist die Abrissbirne. Ich begleite meine Klienten dabei zu entdecken, wie sie sich ein Bild von der Welt machen. Sie entdecken, wie daraus in ihren Köpfen eine ganze Welt aus eben diesem Bild entsteht, das sie durch ihre Brille (auch Wahrnehmungsfilter genannt) sehen. Mit diesem „Modell von Welt" arbeiten wir dann im Coaching weiter und schauen uns an, wie es sich so modellieren lässt, dass es zu den Zielen und Bedürfnissen des Klienten passt. Ich unterstütze den Coachee dabei, kreativ und experimentierfreudig neue Realitäten zu konstruieren, neue Modelle seiner Welt zu entwerfen und diese auf Stimmigkeit und Passgenauigkeit zu überprüfen. Manchmal braucht es dazu mehrere Anläufe, gelegentlich stellen sich die Erfolge so schnell ein, dass ich weniger bezahlt bekomme, als ich verdient hätte.

Die zweite Rolle, die inzwischen zu meinem Markenzeichen geworden ist, ist die Rolle des Persönlichkeitsstörers. Meine Klienten erhalten von mir Aufmerksamkeit, Wertschätzung und eine professionelle Prozessbegleitung. Dabei schätze ich auch die Persönlichkeitsanteile der Klienten, die sie selbst als störend, unangenehm und problematisch erleben. Auch Zweifler, Nörgler, Blockierer, Retter, Opfer, Angsthasen, Stubenhocker (um nur eine ganz kleine Auswahl zu nennen) schätze ich als Persönlichkeiten. Allerdings begegne ich den Persönlichkeiten neben aller Wertschätzung durchaus auch respektlos und provokativ. Ich störe das Persönlichkeitssystem, es wird „ver-rückt". Dabei bin ich ausreichend empathisch, um eine belastbare Arbeitsbeziehung herzustellen. Aber auch nicht mehr, denn allzu viel Empathie finde ich persönlich hinderlich. Auch das Erfüllen von Erwartungen zählt nicht zu meinen besonderen Lieblingsbeschäftigungen. Wenn mir ein Klient weismachen will, dass er bereits „alles probiert hat, aber nichts wirkt", frage ich schon mal, ob er mich verarschen möchte. Denn warum sollte er dann noch mit mir zusammenarbeiten, wenn er „alles schon probiert hat?" Das klingt drastisch, ist es auch. „Verrückungen" gehen manchmal leichter, wenn gezielte Tritte in den Allerwertesten für Bewegung sorgen.

Was mich als Coach ausmacht:
- treffsichere Wortakrobatik
- wertschätzende „Verrückungen"
- konstruktive Respektlosigkeiten
- liebevolle Zu-Mutungen statt Ent-Mutungen
- aufbauende De-Konstruktionen von Wirklichkeit
- multiple Persönlichkeitsstörungen

In meiner Koblenzer Praxis arbeite ich sowohl mit Einzelklienten als auch mit Paaren. Wenn ich Seminare gebe oder Trainings veranstalte, genieße ich die Arbeit mit Gruppen. Ob im Einzelsetting oder in einem größeren Plenum, besonders spannend finde ich dabei den systemischen und provokativen Ansatz, die Anwendung psychodramatischer Methoden und das Improtheater. Dadurch gebe ich auch den unsichtbaren, inneren Prozessen der Klienten eine äußere Bühne. Die Laborsituation des Coachings wird lebendig und alltagstauglich.

Besuchen Sie mich doch auf meiner Homepage unter www.horstlempart.de. Ich freue mich sehr, wenn Sie mir von Ihren Erfahrungen und eigenen kreativen Schöpfungen berichten. Wenn Sie lieber den traditionellen Weg vorziehen, dann schreiben Sie mir einfach. Ich gehöre noch zu den Menschen, die sich über Post im Briefkasten freuen!

Zu meinen regelmäßig Fortbildungsangeboten zu Themen „Agile Seminarmethoden designen" und „Impact-Techniken" halte ich weitere Informationen auf meiner Homepage für Sie bereit:

Schatzkiste für professionelle Flipcharts

Jörg Schmidt
Einfach visualisieren
Ein Praxistraining am Flipchart
Mit einer DVD

Mit diesem Buch und der beiliegenden DVD nehmen Sie direkt an einem Visualisierungs-Training teil. Schritt für Schritt erleben Sie, wie aus einzelnen Strichen Motive entstehen, aus einfachen Grundformen im Handumdrehen Gegenstände, Symbole und Figuren werden. Dabei lernen Sie, komplexe Inhalte auf dem Flipchart attraktiv und strukturiert darzustellen.

Mehr als 260 Motive erweitern Ihr visuelles Bildrepertoire für den Einsatz in Workshops und Trainings. Praxiserprobte Tipps zum Einsatz von Farben und zum Aufbau von Flipcharts unterstützen Sie, Ihre eigenen Plakate ansprechend zu gestalten. Eine Schatzkiste an Techniken, Tipps, Ideen und Inspirationen für alle, die professionell am Flipchart arbeiten, wie z. B. Trainer, Mediatoren, Moderatorinnen, Coachs und Berater.

112 Seiten, kart. • € (D) 25,00 • ISBN 978-3-95571-569-4
Auch als E-Book erhältlich.

Jörg Schmidt
ist Dipl.-Pädagoge mit dem Schwerpunkt Weiterbildung, Mediator, Ausbilder für Mediation, Trainer für Visualisierung und Konfliktmanagement und Illustrator von Fachliteratur.

Weitere erfolgreiche Titel:
Bestens gerüstet als Coach und Trainer
ISBN 978-3-95571-755-1

Meetings und Besprechungen lebendig gestalten
ISBN 978-3-95571-797-1

Training in der Praxis
ISBN 978-3-95571-676-9

www.junfermann.de